水电厂运行设备
开关量分析管理技术

The Analysis and Management Technology of Switch Data
for Operating Equipment in Hydropower Plant

张豪　陈满　巩宇　彭煜民　著

中国电力出版社
CHINA ELECTRIC POWER PRESS

内容提要

水电厂运行设备的开关量信号是反映水电厂运行设备性能的大数据。通过对运行设备的开关量信号进行统计分析，评估运行设备的整体性能及变化趋势指标，如压力保持、建压时间、最后一次动作时间等指标，可以预先发现运行设备内水泵、管道、阀门和控制回路的潜在故障，为设备状态检修提供有效支持。

本书从运行设备实际出发，系统介绍了“三未”设备普查技术、开关量快速纠错技术、运行效率及渗漏缺陷状态检修技术、自适应异常工况快速定位方法、机组调相工况压水保持能力状态检修技术、基于开关量异常变位的状态检修技术，以及专用分析软件的开发思路，并辅以实例分析，为计算机快速分析运行设备开关量提供了有效解决方案。同时梳理了运行大数据管理的策划、执行、检查、回顾方面的工作，借鉴PDCA的管理模式，为形成各环节闭环管理的企业管理制度提供了思路。

本书提供的实例为2015年相关技术成果应用至今的生产实例。通过实例分析说明本书提供的技术方法和管理办法，能有助于现场人员提前发现隐性缺陷，减少主设备非计划停运，提高设备可靠性，并由此产生的年经济价值不可估量。

本书适合从事水电厂、变电站管理、运行、维护的相关专业技术人员参考，也可供大中专院校有关专业师生阅读。

图书在版编目（CIP）数据

水电厂运行设备开关量分析管理技术/张豪等著. —北京：中国电力出版社，2020.10
ISBN 978-7-5198-4271-0

Ⅰ. ①水… Ⅱ. ①张… Ⅲ. ①水力发电站－开关控制－控制系统 Ⅳ. ①TV734.4

中国版本图书馆CIP数据核字（2020）第023418号

出版发行：中国电力出版社
地　　址：北京市东城区北京站西街19号（邮政编码100005）
网　　址：http://www.cepp.sgcc.com.cn
责任编辑：畅　舒（010-63412312）
责任校对：黄　蓓　朱丽芳
装帧设计：赵丽媛
责任印制：杨晓东

印　　刷：三河市万龙印装有限公司
版　　次：2020年10月第一版
印　　次：2020年10月北京第一次印刷
开　　本：710毫米×1000毫米　16开本
印　　张：8.25
字　　数：224千字
印　　数：0001—1000册
定　　价：46.00元

序　一

随着云计算、大数据、人工智能等数字化技术的飞速发展，智能水电厂技术创新取得了长足进步。新兴数字化技术以“云大物移”技术为支撑，以“人工智能”为大脑，以三维可视化展示为媒介，以边缘智能终端为工具，正推动着水电厂装置智能化、运行控制智能化、生产管理智能化、管控平台智能化，触发水电厂自动化系统架构以及运行维修管理的变革。水电厂海量生产数据因而变废为宝，可为生产决策、经济运行、可靠性检修提供有效支撑。

开关量信号是水电厂运行状态最常见的一种数据，利用新兴数字化技术，做好开关量信号挖掘分析是一项非常有价值的工作。该书总结电厂实践经验，结合开关量信号记录特点、应用场景、作用范围，提出了系列开关数据分析技术，包括“三未”设备普查方法、开关量快速纠错方法、异常运行工况快速甄别方法、运行效率及渗漏缺陷状态检修方法、机组调相工况压水保持能力的状态检修方法、不同步缺陷快速甄别方法、开关量异常变位的状态检修方法等，为有效利用数字化技术开展电厂开关量信号挖掘提供了解决方案。

该书来源于蓄能电厂的具体生产实践，所提炼的方法经过作者实践验证，并在生产实践中发挥了积极作用。由于采用标准化、流程化、量化的表达方法和计算机逻辑步骤的介绍语言，该书略显枯燥，但是作为专业交流，具有一定参考价值，可为挖掘水电厂运行数据，开展水电厂设备故障分析、健康状态评估、检修决策等提供借鉴，为智能水电厂建设添砖加瓦。

刘国刚

2019年7月

序　二

随着“互联网＋”智慧能源技术应用，关于电气运行设备运行大数据应用研究的经济价值和工程价值日趋受到理论界和工程界的关注。开关量数据也是电力企业的宝贵的资产，是反映发电厂运行设备性能的运行大数据。对这些开关量数据进行分析挖掘并展示，是实现开关量数据到生产经营决策者眼前的“最后一公里”。通过开关量数据为运行设备“把脉”，为运行设备做“健康体检”，进一步发挥开关量数据的资产价值，令开关量数据“说出”运行设备的状况，使得“最后一公里”中开关量数据提炼的指标和图形能更好地服务于电力生产工作。

平常机组检修要把运行设备停下来，检查内部机械元件有没有损伤，继电器线圈、接点电阻有无超标，油泵启动电流、运行电流是否正常等。该书“一篮子”解决方案的提出可以使得机组处于运行状态，通过分析开关量记录就能辅助运行巡检把人体感官无法发现的隐性缺陷找出来。该书富含工程实践经验，结合开关量数据特性，提出来了多项简单实用的开关量数据分析方法，标准化了开关量数据的分析方法，使开关量数据的分析计算工作得以通过计算机多、快、好、省的自动完成，也为运行设备状态监测工作，及设备状态检修提供了有效技术支持。

值得称道的是，与过去专业著作相比，该书不仅提供技术解决方案，还从安全生产风险管理体系角度，梳理了运行设备数据分析与评价管理工作的内容。借鉴了PDCA的管理模式进行各环节的闭环管理，从策划、执行、依从、绩效四个方面对管理内容进行策划的要求，进而形成企业的管理制度，并给出了一个完整的范例，为后续的业务管理提供了有益借鉴。

张勇军

2019年7月

前　言

正如人的身体各项指标要维持在稳定水平才能健康一样，发电厂的运行设备也需要具备自动维持内部压力和油位等控制指标在合理范围内的性能。而这一重要性能被称为保压性能。当运行设备需要保压，进行保压做功时，可通过送出开关量信号，记录此时时刻和状态。这些反映保压做功的开关量信号好比人的脉搏，根据设备所处的状态，应在一个合理的区间范围内，若“跳得”太快或太慢，“健康”就会异常。

例如，当一个液压系统的保压性能呈现异常时，往往是由于承压设备的密封损坏、管路泄漏、压力泵磨损等隐性缺陷或自动控制元件的定值偏移、控制回路偶发性故障或泵效率下降等隐性电气缺陷等原因所致。过去要发现这些隐性缺陷，往往需要把设备停下来、拆下来，检查轴承有没有磨损、继电器电阻有无超标等才能发现。如今设备还在运行，通过运行大数据分析管理技术分析开关量信号就能定位存在隐性缺陷的设备或工况，为现场人员发现隐性缺陷给予方向性指导，在缺陷暴露前进行消缺。

然而，目前设备运行大数据分析管理技术缺乏自动识别和纠错技术。对于因设备检修、异常动作或误发信号等随机造成多发或少发的错误开关量信号，往往只能依靠人工进行校核、识别和剔除。同时由于监控系统内的运行数据非常庞大，过去只能采用随机选点和等采样周期选点的方法，遴选其中的数据“代表”进行分析，导致采样不充分和不全面。

此外，过去由于缺乏分析工具和标准分析方法，使得分析极难采用计算机对开关量信息进行批量统计分析。如此不仅耗费大量人力资源，其分析结果也存在一定的失真和不足。以致于较长时间内运行大数据分析的意义没有引起工程界的关注。缺乏系统性的管理模式，也使得从数据分析的策划、执行和闭环管控方面没有形成系统性的管理和技术标准。

本书由原理、实例、管理等内容组成，所提供的技术方法和管理内容可以有效解决上述问题。原理包括“三未”设备普查技术、开关量快速纠错技术、运行效率及渗漏缺陷状态检修技术、自适应异常工况快速定位方法、机组调相工况压水保持能力状态检修技术、基于开关量异常变位的状态检修技术。实例按内容汇集了2015年相关技术成果应用至今的实例，为现场人员提前发现隐形缺陷提供借鉴。

管理部分主要借鉴PDCA的管理模式进行各环节的闭环管理，系统回答了运行设备数据分析的管理思路如何形成企业的管理标准或制度的问题。本书也是调峰调频公司数据资产业务的一个阶段成果，得到过较高的同行评价，曾获第六届全国电力行业设备管理创新成果一等奖。

本书的编写得到李定林、刘海洋、张明华、岑贞安、郭裕达、向鸣、赵补石等同志的协助。在编写本书的过程中，得到了南方电网调峰调频发电有限公司、南方电网调峰调频发电有限公司技术中心、广东蓄能发电有限公司、华南理工大学电力学院、广西大学电气工程学院等单位、领导、老师的支持和帮助，在此表示衷心的感谢！

由于编写时间仓促及编者水平有限，难免存在错漏之处，敬请读者批评指正！

著　者

2019年7月

目 录

第1章

概　　述

2008年曾有一案例，当时阿里分析到买家询盘数急剧下降，及时向中小制造商提供国际金融危机的预警信息，为中小制造商应对国际金融危机赢得了宝贵的时间。在电力生产中，监控系统中存在着大量反映设备状态位置信息的开关量，也需要通过对这些开关量进行分析，通过发现隐性缺陷，在缺陷暴露前完成消缺或为处理缺陷赢得宝贵时间。

当前相关的大数据研究集中在智能算法应用的研究中。而最简单实用的，将对发电厂电力生产业务理解转变为标准的可为计算机批量自动执行的算法研究较少。此外，发电厂的设备种类较多，因此从发电厂生产实践中提炼得出的开关量分析技术具有较强的推广性，开展关于开关量的大数据研究具有重要的工程价值。

大数据分析，指从大量的数据中通过专家策略发现隐藏于其中信息的过程。数据分析主要通过统计、在线分析处理、情报检索、机器学习和模式识别等方法实现。近年来，数据分析技术在故障诊断领域也得到了重视。早在2011年，针对发电厂开关量的数据分析工作在广州蓄能水电厂运行部中已有所应用。

2015年广州蓄能水电厂曾研发运行设备保压性能状态分析技术、“三未”设备普查技术和概率密度等指标分析方法，开发了专用分析软件，弥补了过去依靠人工统计无法处理大数据的不足。同时梳理了运行大数据管理的策划、执行、检查、回顾方面的工作，并借鉴PDCA的管理模式进行各环节的闭环管理，进而形成企业的管理制度。

2015年广州蓄能水电厂成果应用以来曾十余次提前发现隐性缺陷，预先发现设备隐性故障，提高设备可靠性而产生的年经济价值不可估量。实现了调速器等十余个关键系统的数据分析功能，分析工作只需一人即可完成，而所用时间仅为过去的 1/2，分析的数据量则为过去的十万倍以上，并可获取可视化程度更高的趋势图和指标分析及异常数据报表。同时规避了超过相关规定周期而长时间未操作、未维护、未轮换的“三未”设备风险。

广州蓄能水电厂数据分析的开发工作为本著作提供了宝贵的经验。虽然数据分析开发工作是围绕广州蓄能水电厂的生产实际开展的，但是数据分析工作提炼得到的分析策略和实现的方式方法却具有较强的扩展性和移植性。不难想象，读者采用本书提供的方法，结合具体的生产实际进行实例化，将各种设备状态监测专家策略分析执行模块部署于满足离线分析/在线计算要求的云计算平台，通过推送显示模块，无疑可为读者提供实现“分析过去，掌控现在，预测未来”目标，提高设备故障预诊断水平的技术支持。

第2章

“三未”设备普查方法

2.1 “三未”设备的危害

近年来的故障分析、运行经验及统计数据表明，未严格执行国家及行业标准规范、公司生产设备运行管理制度以及厂家有关设备运维要求，超过规定周期而长时间未操作、未维护、未轮换的运行设备（以下简称“三未”设备）存在较多安全运行隐患。

“三未”设备根据运行需要进行操作时，容易引发设备自身故障并扩大发展至更加严重的后果。因此需要对设备进行周期性排查梳理，制定相关风险防范措施，以建立杜绝“三未”设备的长效机制。

当前相关研究多局限在检修模式、计划编制、运维策略及其可视化方面，针对“三未”设备普查则未见报道。考虑到设备进行操作、维护、轮换时，其状态均会发生变化，且可通过送出开关量记录下此时的时刻和状态，因此，可以通过梳理历史开关量记录，掌握设备最近一次动作情况，实现对“三未”设备的排查。

然而由于开关量记录的数目较为庞大，且存在二次安防要求下的相关访问限制，且缺乏从开关量记录中批量筛选排查设备开关量记录的技术方法。致使无法使用计算机快速进行“三未”设备的排查工作。依靠人工排查费时费力，又极容易出错。此外，一旦批量搜索方法不合理，使用计算机搜索，将极容易引起厂站主计算机假死，对设备运维带来不利影响。

可见结合工程经验，对通过开关量记录排查“三未”设备的技术方法进行标准化和优化，使得长期依赖于人工处理的繁琐工作通过计算机多、快、好、省地实现自动检测和控制，无疑显得十分关键。

2.2 模拟人工检索的计算机实现方法

本章提出的“三未”设备快速普查技术，运用计算机模拟人工检索过程，实现了在不接入新设备且不改变原有生产信息管理系统配置的前提下，通过自适应算法自动分历史时段的直接从二次安防三区办公网中获取检索结果，最后自动判断给出需要进行检查性操作设备的建议。使得长期依赖于人工处理的繁琐工作得以自动通过计算机多、快、好、省的完成。

2.2.1 B/S 架构和 C/S 架构的串联

通过查找开关量记录进行“三未”设备普查属离线的数据分析。对于此类分析其数据的传递操作，若另外建立与数据库的链路，或其他形式的数据通道，无疑存在以下问题：①不满足“二次安防”网络专用、横向隔离的要求；②使得生产管理系统的设置和设备配置变得复杂，不利于运维；③改造成本高。

可见若能模拟手工网页检索，无疑可将原以三区办公网为客户端，以生产管理系统数据源为服务器的 B/S 网络构架，与以办公电脑上专业软件为客服端，以三区办公网为虚拟服务器的 C/S 网络构架进行串联，进而实现快速普查技术专业软件与生产管理系统数据源的无缝连接。

不难发现，传统的手工网页检索过程为：通过网页上的控件收集用户的检索要求，进而触发网络请求获取包含检索信息的文件。可见网络请求中包含了手工录入的检索要求。由此通过计算机模拟手工检索的关键在于：①自动生成触发网络请求的信息；②通过正则表达式实现自动分类识别检索结果。

2.2.2 快速普查算法的开发

充分利用 MatLab 在数据读写、数值计算、数据交互方面的优势，以 MatLab 和 excel 混合编程为实例介绍“三未”设备快速普查算法的开发。程序流程框图如图 2-1 所示，算法流程为：①使用 excel 存放用户预先设置的批量检索条件 S，由 MatLab 先从 excel 中读取检索条件；②再通过 MatLab 的 urlread 函数根据算法程序结合检索条件自动生成的网络请求信息；③以ΔT

为检索区间从网页中获取生产管理系统的检索结果；④接着使用 regexp 函数根据正则表达式分类识别开关量的时间记录和状态记录；⑤然后从检索结果中筛选出设备最后一次动作时间和状态，并将未能找到开关量记录的搜索条件标记为 S_1；⑥若 S_1 不为空，则继续在前一个检索区间并转至第②步，若 S_1 为空则最后将检索结果重新写入 excel 中。

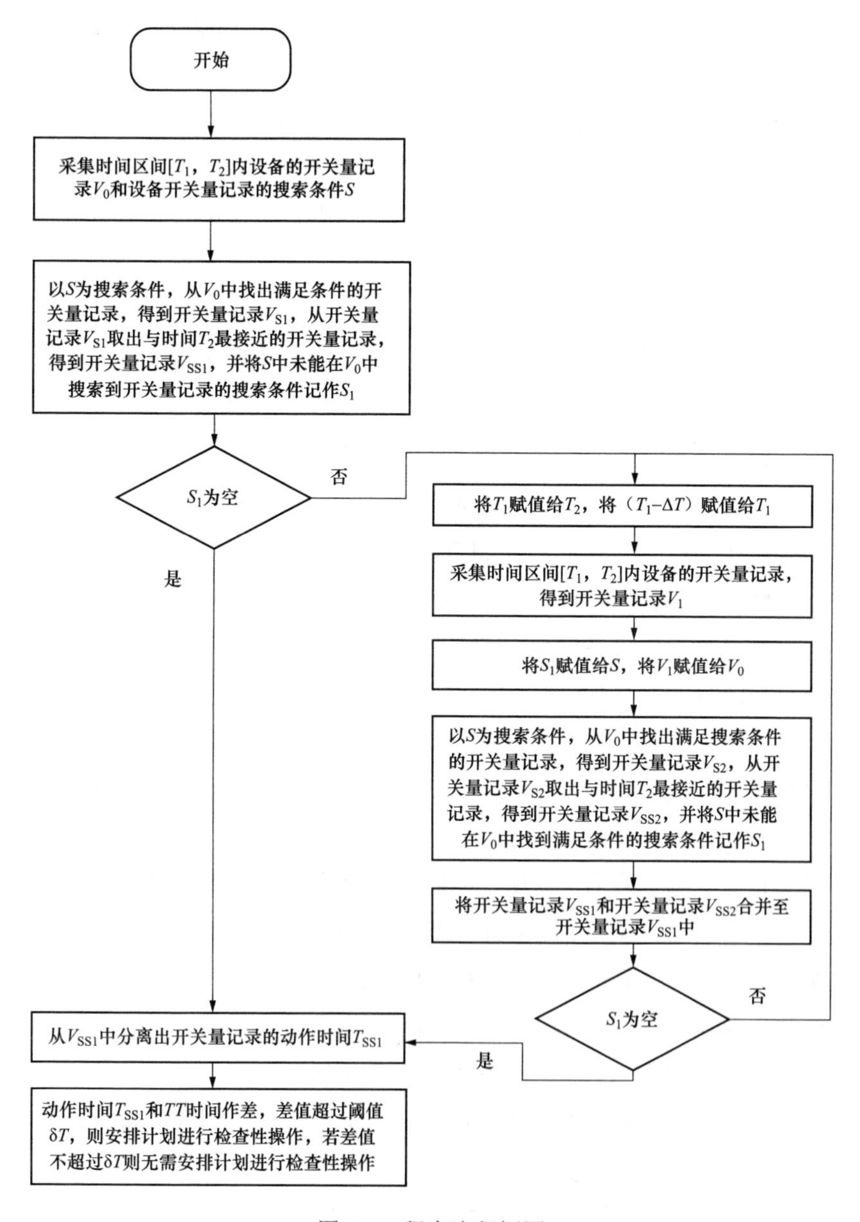

图 2-1 程序流程框图

值得注意的是水电厂的开关量记录数量较为庞大，若批量搜索海量开关量记录时，单次检索区间 ΔT 过大，或重复执行已获得检索结果的检索操作时，将会长时间占用生产管理系统数据服务和办公电脑的进程。同时考虑到批量检索的目的是获取设备最近一次动作时间 T_{SS} 和状态，因此由最近的时间开始往前进行搜索（简称前向搜索）时，获得检索结果的概率最大。以广东某蓄能发电厂为例，每月产生的开关量记录数量在 13 万到 20 万之间，单次检索区间ΔT 易设置在 3 个月。

将动作时间 T_{SS} 和当前检索时间作差，若差值超过阈值 δT，则安排计划进行检查性操作，若差值不超过 δT 则无需安排计划进行检查性操作。其中检查性操作是指操作工作本身无操作设备的需要，但为验证被操作设备的操作性能是否满足要求而进行的设备操作。

2.3 自适应不重复的“三未”设备排查方法

本章提供一种针对“三未”设备的“三未”设备排查方法，用于从历史开关量记录中分时段，批量快速获取设备最后一次动作时间，当发现最后一次动作时间和当前时间差值超过阈值的设备时，将其筛选出来进行检查性操作，以达到预控设备运行风险，提高设备健康水平和可用水平，强化了电力生产运行对“三未”设备的风险管控能力的目标。

本方法的目的通过如下技术方案来实现：

一种“三未”设备排查方法，包括如下步骤：

（1）采集时间区间［T_1，T_2］内开关量记录 V_0 和开关量记录的搜索条件 S。

（2）以 S 为搜索条件，从开关量记录 V_0 中找出满足搜索条件 S 的开关量记录，得到开关量记录 V_{S1}，从开关量记录 V_{S1} 取出与时间 T_2 最接近的开关量记录，得到开关量记录 V_{SS1}，并将 S 中未能在 V_0 中搜索到开关量记录的搜索条件记作 S_1。

（3）将 T_1 赋值给 T_2，将（$T_1-\Delta T$）赋值给 T_1。

（4）采集时间区间［T_1，T_2］内的开关量记录，得到开关量记录 V_1。

（5）将 S_1 赋值给 S，将 V_1 赋值给 V_0。

（6）以 S 为搜索条件，从 V_0 中找出满足搜索条件的开关量记录，得

到开关量记录 V_{S2}，从开关量记录 V_{S2} 取出与时间 T_2 最接近的开关量记录，得到开关量记录 V_{SS2}，并将 S 中未能在 V_0 中找到满足条件的搜索条件记作 S_1。

（7）将开关量记录 V_{SS1} 和开关量记录 V_{SS2} 合并至开关量记录 V_{SS1} 中，若 S_1 不为空，则继续第（3）步，若 S_1 为空，则进行第（8）步。

（8）从 V_{SS1} 中分离出开关量记录的动作时间 T_{SS1}。

（9）将动作时间 T_{SS1} 和 TT 时间作差，若差值超过阈值 δT，则安排计划进行检查性操作，若差值不超过 δT 则无需安排计划进行检查性操作。

设备是指正常情况处于备用状态，能随时启动且可通过送出唯一开关量，通过开关量记录保存此时的时刻和“on”状态，也能随时停下且通过送出开关量，通过开关量记录保存此时的时刻和“off”状态的设备。开关量记录至少包含四个记录内容，分别是时间记录、设备短名、设备描述、状态记录：时间记录包含年、月、日、时、分、秒、毫秒的信息；设备短名为开关量变量在监控系统内的地址；设备描述为由字母或字符组成，用于解释开关量定义的信息；状态记录包含两种状态记录，分别是代表“on”的“1”状态记录和代表“off”的“0”状态记录，所述唯一开关量是指同一设备的开关量记录的短名和描述是相同的，不同设备的开关量记录的短名和描述互不相同。

设备开关量记录的搜索条件，通常有 N（$N \geq 1$）项，每项内容包括设备短名和设备描述。

a．所述开关量记录 V_{SS1} 和搜索条件 S_1 由以下过程获得：

（a）获取搜索条件 S_1 的项数 n_{s1}，若 n_{s1} 的数值不为 0，则进行第（b）步，若 n_{s1} 的数值为 0，则开关量记录 V_{SS1} 为空，搜索条件 S_1 为空。

（b）设 $i=0$。

（c）i 的值加 1，若 i 的值大于 n_{s1}，则 V_{SS1} 为满足搜索条件的开关量记录，S_1 为未能在 V_0 中搜索到开关量记录的搜索条件，若 i 的值不大于 n_{s1}，则进行第（d）步。

（d）从开关量记录 V_0 中找出满足第 i 项搜索条件的开关量记录，若找到，则从找到的开关量记录中选出与时间 T_2 最接近的开关量记录，并存放到 V_{SS1} 中，并转至第（c）步，若找不到则将第 i 项搜索条件放到 S_1 中，并转至第（c）步。

b．开关量记录 V_{SS2} 和搜索条件 S_1 由以下过程获得：

（a）获取搜索条件 S_1 的项数 n_{s1}，若 n_{s1} 的数值不为 0，则进行第（b）步，若 n_{s1} 的数值为 0，则开关量记录 V_{SS2} 为空，搜索条件 S_1 为空。

（b）设 $i=0$。

（c）i 的值加 1，若 i 的值大于 n_{s1}，则 V_{SS2} 为满足搜索条件的开关量记录，S_1 为未能在 V_0 中搜索到开关量记录的搜索条件，若 i 的值不大于 n_{s1}，则进行第（d）步。

（d）从开关量记录 V_0 中找出满足第 i 项搜索条件的开关量记录，若找到，则从找到的开关量记录中选出与时间 T_2 最接近的开关量记录，并存放到 V_{SS2} 中，并转至第（c）步，若找不到则将第 i 项搜索条件放到 S_1 中，并转至第（c）步。

c．将开关量记录 V_{SS1} 和开关量记录 V_{SS2} 合并至开关量记录 V_{SS1} 中由以下过程获得：

（a）将开关量记录 V_{SS1} 和开关量记录 V_{SS2} 合并至开关量记录 V_{SS1} 中。

（b）按搜索条件 S 的顺序，对搜索得出的开关量记录 V_{SS1} 进行排序。

（c）将开关量记录 V_{SS1} 的时间记录与用户提供的参考时间比较，选出最接近搜索时间的时间记录。

d．阈值 δT 取值为一年。

e．检查性操作是指，操作工作本身无操作设备的需要，但为验证被操作设备的操作性能是否满足要求而进行的设备操作。

f．参考时间为用户排查前设定的时间，或用户上一次排查得到的时间记录；搜索时间为用户启动搜索的时间。

本方法通过提出一种适用于计算机处理的“三未”设备排查方法，通过分时段搜索，批量获取设备最后一次动作时间和当前时间差值，并将差值超过阈值的设备筛选出来进行检查性操作，使得预控设备运行风险，提高设备健康水平和可用水平，强化了电力生产运行对“三未”设备的风险管控能力成为了现实。

与现有技术相比，本方法填补了工程界的空白，具有以下优点和技术效果：

（1）本方法通过开关量记录获得待排查设备最后一次动作时间，为通过计算机排查“三未”设备提供了基础条件。

（2）本方法对分时段批量搜索开关量记录的技术方法进行标准化，避免厂站主计算机假死，使得快速批量排查“三未”设备成为可能。

（3）本方法通过对设备最后一次动作时间和当前时间差值超过阈值的设备进行检查性操作，有效建立杜绝“三未”设备的方法。

2.4 “三未”设备排查实例

以下对某蓄能水电厂 2015 年 7 月 6 日 6:26 至 2015 年 7 月 6 日 7:26 的开关量记录进行实例分析。方法包括以下步骤：

（1）采集时间区间［T_1，T_2］内设备的开关量记录 V_0 和设备开关量记录的搜索条件 S 如表 2-1 所示，T_1＝2015-07-06 07:00，T_2＝2015-07-06 07:26。

表 2-1　　搜 索 条 件 *S*

序号	短名	描述	设备名称
1	6MFX01 GA101 XG01	Leakage Oil Pump on/off	6 号机调速器漏油泵
2	0GMA18 AP001 XB21	Drainage pump 4	2 号集水井 4 号渗漏排水泵

（2）以 S 为搜索条件，从 V_0 中找出满足搜索条件的开关量记录，得到开关量记录 V_{S1}，如表 2-2 所示，从开关量记录 V_{S1} 取出与时间 T_2 最接近的开关量记录，得到开关量记录 V_{SS1}，如表 2-3 所示，并将 S 中未能在 V_0 中搜索到开关量记录的搜索条件记作 S_1，如表 2-4 所示。

表 2-2　　开 关 量 记 录 V_{S1}

序号	时间	短名	描述	状态
1	2015-07-06 07:15:06:940	7MFX01 GA101 XG01	Leakage Oil Pump on/off	on
2	2015-07-06 07:17:33:090	7MFX01 GA101 XG01	Leakage Oil Pump on/off	off

表 2-3　　开 关 量 记 录 V_{SS1}

序号	时间	短名	描述	状态
2	2015-07-06 07:17:33:090	7MFX01 GA101 XG01	Leakage Oil Pump on/off	off

表 2-4　　　　搜 索 条 件 S_1

序号	短名	描述	设备名称
2	0GMA18 AP001 XB21	Drainage pump 4	2 号集水井 4 号渗漏排水泵

（3）将 T_1 赋值给 T_2，将（$T_1-\Delta T$）赋值给 T_1，ΔT=20min，即 T_1=2015-07-06 06:30，T_2=2015-07-06 07:00。

（4）采集时间区间［T_1，T_2］内设备的开关量记录，得到开关量记录 V_1。

（5）将 S_1 赋值给 S，将 V_1 赋值给 V_0。

（6）以 S 为搜索条件，从 V_0 中找出满足搜索条件的开关量记录，得到开关量记录 V_{S2}，如表 2-5 所示，从开关量记录 V_{S2} 取出与时间 T_2 最接近的开关量记录，得到开关量记录 V_{SS2}，如表 2-6 所示，并将 S 中未能在 V_0 中找到满足条件的搜索条件记作 S_1，此时 S_1 为空。

表 2-5　　　　开 关 量 记 录 V_{S2}

序号	时间	短名	描述	状态
1	2015-07-06 06:48:56:260	0GMA18 AP001 XB21	Drainage pump 4	on
2	2015-07-06 06:59:21:190	0GMA18 AP001 XB21	Drainage pump 4	off

表 2-6　　　　开 关 量 记 录 V_{SS1}

序号	时间	短名	描述	状态
2	2015-07-06 06:59:21:190	0GMA18 AP001 XB21	Drainage pump 4	off

（7）将开关量记录 V_{SS1} 和开关量记录 V_{SS2} 合并至开关量记录 V_{SS1} 中，如表 2-7 所示，S_1 为空，则进行第（8）步。

表 2-7　　　　开 关 量 记 录 V_{SS1}

序号	时间	短名	描述	状态
1	2015-07-06 07:17:33:090	7MFX01 GA101 XG01	Leakage Oil Pump on/off	off
2	2015-07-06 06:59:21:190	0GMA18 AP001 XB21	Drainage pump 4	off

（8）从 V_{SS1} 中分离出开关量记录的动作时间 T_{SS1}，T_{SS1}（1）= 2015-07-06 07:17:33:090，T_{SS1}（2）=2015-07-06 06:59:21:190。

（9）将动作时间 T_{SS1} 和 TT 时间作差，搜索时间 TT=2015-07-06 07:30，差值分别为 12.45、30.66min，不超过阈值一年，则无需安排计划进行检查性操作。

2.5 本章小结

本章提供了一种适用于计算机快速处理的“三未”设备排查方法，强化了对“三未”设备的风险管控能力，预控了设备运行风险。具体步骤如下：首先从时间区间［T_1，T_2］内的开关量记录 V_0 中找出满足搜索条件 S 的开关量记录 V_{S1}，从中取出与时间 T_2 最接近的开关量记录 V_{SS1}，并将 S 中未能找到开关量记录的搜索条件记作 S_1；然后从时间区间［T_1-ΔT，T_1］内的开关量记录中找出满足搜索条件的开关量记录 V_{S2}，从中取出与时间 T_1 最接近的开关量记录 V_{SS2}，并将 S_1 中未能找到满足条件的搜索条件记作 S_2，直至未能找到满足条件的搜索条件为空；最后把选出的开关量记录的时间记录与当前时间作差，挑选差值超过阈值 δT 的设备进行检查性操作。

第3章

开关量快速纠错方法

3.1 纠错判据及快速纠错原理

电气设备开关量记录的数据较为庞大。过去由于缺乏有效的纠错方法，多采用随机选点和等采样周期选点的办法来遴选其中的数据“代表”进行分析。如此，使得所得分析结果不具全面性，分析结果的工程技术意义不强。

同时，电气设备的开关量记录存在较多因设备检修，数据传输丢包，异常动作，误发信号造成的异常开关量记录。使得运行数据分析极难对正常运行状态的数据进行批量分析。给运行人员快速辨识设备各历史时段的性能状态带来极大困难。

本章结合工程经验，全面考虑开关量记录的异常模式，对过去的人工处理工作进行标准化，并交给计算机完成，使得长期依赖于人工处理的繁琐工作实现自动检测和控制。

开关量记录的出错模式主要有三种：①机组退备期间，因定值校验、设备传动、泄压等检修工作产生的开关量记录；②自动控制设备节点抖动等原因误发或多发开关量记录；③信号回路上因电阻增大，或电源不稳定，或开关量记录设备失效等因素，造成开关量信号丢失。

第1种出错模式产生的错误记录最多，且每次设备检修均会产生。虽然对分析干扰最大，但考虑到检修状态下，设备的保压性能不具有判断运行性能的工程价值。因此，只需在分析中将设备检修期间的开关量记录剔除即可。

第2、3种出错模式的暴露率均小于0.01‰，且缺少相同或不同开关量记录条数越多的可能性越小，缺少3条以上相同或不同开关量记录的可能性已几乎为零。因此这两种出错模式仅有6种可能的表现形式，即：①有“on”状态开关量记录，缺少n_{off}条对应的“off”状态的开关量记录，$n_{off}\in\{1，2，3\}$；②有“off”状态开关量记录，缺少n_{on}条对应的“on”状态的开关量记录，$n_{on}\in\{1，2，3\}$。

若将连续两个相同状态开关量记录的时间差定义为保压间隔时间差k，将一个保压做功周期内两个不同状态开关量记录的时间差定义为保压做功时间差t。不难发现，k的数值与t的数值不为同一数量级，即通常t为1min内的秒级数值，而k则为1h内的分级数值，$k\gg t$。因此，当第2种或第3种出错模式出现时，引起海量开关量记录错序，将出现$t\approx k$或$t>k$的数值关系。因此可根据这一特性设置标准纠错判据。并根据出错模式的6种可能表现形式，剔除相应的开关量记录进行纠错，进而形成6种标准纠错方法。

然而对于海量开关量记录，若所有数据均需经过6种标准纠错方法的判据环节和纠错环节，无疑为了小于0.01‰的数据，浪费了大量的计算资源，如此将难以适应海量开关量数据秒级纠错的目标。过去常规的纠错方法是，先剔除设备检修期间的开关量记录，接着在计算t时进行一次判据，当出错模式暴露时，再结合暴露率，先进行缺少1条开关量记录的标准判据和纠错环节，若判据仍未满足时，再依次进行缺少记录数递增的标准纠错，直至判据显示错误开关量记录已完全剔除，判据满足后才进入下一段开关量记录t计算中。

值得注意的是，使用$t\approx k$或$t>k$的判据进行纠错需反复计算开关量的时间记录的差值，占用了大量计算机资源。且当出现开关量单状态抖动超过3次时，极容易出现纠错错误。本章提供的适用于海量开关量纠错的方法无需计算开关量时间记录的差值即可完成纠错，也使得计算机纠错速度大大提高。由于根据电气设备运行时段进行分段纠错，也使计算机的内存使用大大降低，为后续的大数据分析计算提供有利条件。

此外，通过分离异常数据和运行数据，不仅可让运行人员得以辨识运行设备各历史时段的性能状态，还可根据异常数据的数量，快速判断运行设备的继电器、控制节点、控制回路、信号回路等是否存在缺陷，可在缺陷暴露前进行检修实现消缺。并将电气设备开关量记录信息系统的错误率控制在较低水平。

3.2 适用于海量开关量纠错的计算机实现方法

本章的目的在于提供电气设备开关量记录快速纠错方法，用于从指定历史时期内运行设备的开关量记录中分离出因设备检修、数据传输丢包、异常动作、误发信号造成的开关量记录，为评估运行状态以及异常数据分析提供重要的技术支持。

电气设备开关量记录快速纠错方法，步骤如下：

（1）采集指定历史时期内指定电气设备的开关量记录 V_0。

（2）对开关量记录 V_0 按时间记录先后顺序排序并取不重复的开关量记录，获得开关量记录 V_1。

（3）根据电气设备检修记录 M，从开关量记录 V_1 中选出电气设备处于运行状态时段 i 的开关量记录 V_{2i}，从开关量记录 V_{2i} 中剔除筛选出的异常记录 V_{ui}，获得开关量记录 V_{3i}。

（4）计算各时段开关量记录 V_{ui} 的条数 n_{ui}，获得总条数 n_u。

（5）用总条数 n_u 除以记录 V_1 的条数 n_1 获得 f，若 f 大于阈值 δ_0 时，则对设备进行维修检查；若 f 不大于阈值 δ_0 时，则无需对设备进行维修检查。

上述方法中，所述电气设备是指正常情况处于运行状态时，能随时启动且通过送出开关量，记录下此时的时刻和“on”状态，也能随时停下且通过送出开关量，记录下此时的时刻和“off”状态。

其中开关量包含两种状态记录，分别是代表“on”的“1”状态记录和代表“off”的“0”状态记录。开关量记录则至少包含三个记录内容，分别是精确至毫秒的时间记录、状态记录、电气设备描述。

a．对开关量记录 V_0 按时间记录先后顺序排序并取不重复的开关量记录，获得开关量记录 V_1 由以下步骤获得：

（a）按时间记录由先到后的顺序，对开关量记录 V_0 进行排序，获得开关量记录 V_{01}。

（b）取开关量记录 V_{01} 中时间记录不重复的开关量记录，组成开关量记录 V_1。

b．检修记录 M 由检修工作的开始时刻和检修工作的结束时刻组成。

c．电气设备处于运行状态时段 i 的开关量记录 V_{2i} 由以下步骤获得：

（a）设 $i=1$，获取电气设备检修工作开始和结束时刻的组数 n_m，若 n_m 的数值不为 0，则进行第（b）步，若 n_m 的数值为 0，则开关量记录 V_1 与电气设备处于运行状态时段 i 的开关量记录 V_{2i} 为同一记录。

（b）从开关量记录 V_1 中获得状态记录为“on”且时间记录早于第 i 组设备检修开始时刻的开关量记录 V_{2oni}。

（c）从开关量记录 V_1 中获得状态记录为“off”且时间记录早于第 i 组设备检修开始时刻的开关量记录 V_{2offi}。

（d）开关量记录 V_{2oni} 和开关量记录 V_{2offi} 组成开关量记录 V_{2i}，即从开关量记录 V_1 中选出电气设备处于运行状态时段 i 的开关量记录 V_{2i}。

（e）i 的值加 1。

（f）若 $n_m>1$ 且 $i \leqslant n_m$，则进行第（g）步，否则进行第（k）步。

（g）从开关量记录 V_1 中获得状态记录为“on”，时间记录晚于第 i-1 组设备检修结束时刻，且时间记录早于第 i 组设备检修开始时刻的开关量记录 V_{2oni}。

（h）从开关量记录 V_1 中获得状态记录为“off”，时间记录晚于第 i-1 组设备检修结束时刻，且时间记录早于第 i 组设备检修开始时刻的开关量记录 V_{2offi}。

（i）开关量记录 V_{2oni} 和开关量记录 V_{2offi} 组成开关量记录 V_{2i}，即从开关量记录 V_1 中选出电气设备处于运行状态时段 i 的开关量记录 V_{2i}。

（j）i 的值加 1，并转至第（f）步。

（k）从开关量记录 V_1 中获得状态记录为“on”，时间记录晚于第 n_m 组设备检修结束时刻的开关量记录 V_{2oni}。

（l）从开关量记录 V_1 中获得状态记录为“off”，时间记录晚于第 n_m 组设备检修结束时刻的开关量记录 V_{2offi}。

（m）开关量记录 V_{2oni} 和开关量记录 V_{2offi} 组成开关量记录 V_{2i}，即为开关量记录 V_1 中选出电气设备处于运行状态时段 i 的开关量记录 V_{2i}。

d．电气设备处于运行状态时段 i 的异常记录 V_{ui} 和开关量记录 V_{3i} 由以下步骤获得：

（a）计算电气设备处于运行状态时段 i 的开关量记录 V_{2oni} 的条数获得数值 Itmpon。

（b）计算电气设备处于运行状态时段 i 的开关量记录 V_{2offi} 的条数获得数

值 Itmpoff。

（c）若数值 Itmpon 和数值 Itmpoff 均大于 0 则进行第（d）步，否则异常记录 V_{ui} 和开关量记录 V_{2i} 为同一记录。

（d）按时间记录由先到后的顺序对电气设备处于运行状态时段 i 的开关量记录 V_{2i} 进行排序，获得开关量记录 bOD。

（e）从开关量记录 bOD 中获得状态记录为“on”的开关量记录的序号，获得数组 bODon。

（f）计算数组 bODon 前后项的差值，获得数组 bODondiff。

（g）查询数组 bODondiff 中数值为 1 的位置，获得序号数组 bODonwn。

（h）若序号数组 bODonwn 不为空数组，则找出序号数组 bODonwn 在开关量记录 V_{2i} 中对应的开关量记录，获得 V_{uion}，若序号数组 bODonwn 为空数组，则 V_{uion} 也为空数组。

（i）从开关量记录 V_{2oni} 中剔除 V_{uion}，获得开关量记录 V_{2oni1}。

（j）从开关量记录 bOD 中获得状态记录为“off”的开关量记录的序号，获得数组 bODoff。

（k）计算数组 bODoff 前后项的差值，获得数组 bODoffdiff。

（l）查询数组 bODoffdiff 中数值为 1 的位置，获得序号数组 bODoffwn1。

（m）若数组 bODoffwn1 不为空数组，则序号数组 bODoffwn1 各元素加 1 后获得新序号数组 bODoffwn，若为空数组，则新序号数组 bODoffwn 也为空。

（n）找出序号数组 bODoffwn 在开关量记录 V_{2i} 中对应的开关量记录，获得 V_{uioff}。

（o）从开关量记录 V_{2offi} 中剔除 V_{uioff}，获得开关量记录 V_{2offi1}。

（p）若 V_{2offi1} 的第一条开关量记录 $V_{2offi11}$ 的时间记录比 V_{2oni1} 的第一条开关量记录 V_{2oni11} 早，则把 $V_{2offi11}$ 存于开关量记录 V_{uioff} 中，并在 V_{2offi1} 中删除 $V_{2offi11}$。

（q）若 V_{2oni1} 的最后一条开关量记录 $V_{2oni1end}$ 的时间记录比 V_{2offi1} 的最后一条开关量记录 $V_{2offi1end}$ 晚，则把 $V_{2oni1end}$ 存于开关量记录 V_{uion} 中，并在 V_{2oni1} 中删除 $V_{2oni1end}$。

（r）开关量记录 V_{uion} 和开关量记录 V_{uioff} 组成的开关量记录即为电气设备处于运行状态时段 i 的异常记录 V_{ui}。

（s）开关量记录 V_{2oni1} 和开关量记录 V_{2offi1} 组成的开关量记录即为电气设备处于运行状态时段 i 的开关量记录 V_{3i}。

异常记录 V_u 的总条数 n_u 由式（3-1）获得

$$n_u=\sum_{i=1}^{n_m+1} n_{ui} \tag{3-1}$$

式中：n_m 为电气设备检修工作开始和结束时刻的组数；n_{ui} 为电气设备处于运行状态时段 i 的异常记录 V_{ui} 的条数。

阈值 δ_0 取值为 0.05。

与现有技术相比，本方法填补了工程界的空白，具有以下优点和技术效果：

（1）本方法提供开关量记录检测和判断方法使得开关量记录纠错问题得到有效解决，实现了开关量记录中异常数据和运行数据的分离，为后续计算分析运行设备各历史时段的性能状态提供技术基础。

（2）本方法无需计算开关量时间记录的差值即可完成纠错，大大提高了处理速度，由于根据电气设备运行时段进行分段纠错，也使计算机的内存使用大大降低，为后续的大数据分析计算提供有利条件。

（3）本方法还可根据异常数据的比例，快速判断运行设备的继电器、控制节点、控制回路、信号回路等是否存在缺陷，可在缺陷暴露前实现消缺。

3.3　开关量纠错实例

以下对某蓄能水电厂 2018 年 01 月 20 日 00:00 至 02 月 08 日 00:00 7 号球阀油泵的开关量记录进行实例分析。该球阀油泵在机组球阀液压系统油压低于 5.5MPa 时启动，当油压等于 6MPa 时停下。

开关量纠错方法流程如图 3-1 所示，包括以下步骤：

（1）采集获得表 3-1 示出的历史时段 2018 年 01 月 20 日 00:00 至 02 月 08 日 00:00 内的 7 号球阀油泵的开关量记录 V_0。

（2）对开关量记录 V_0 按时间记录先后顺序排序并删除重复的开关量记录后获得表 3-2 所示的开关量记录 V_1。

（3）根据表 3-3 所示的设备检修记录 M，从开关量记录 V_1 中选出电气设备处于运行状态时段 i 的开关量记录 V_{2i}，从开关量记录 V_{2i} 中剔除筛选出的

异常记录 V_{ui}，获得开关量记录 V_{3i}。

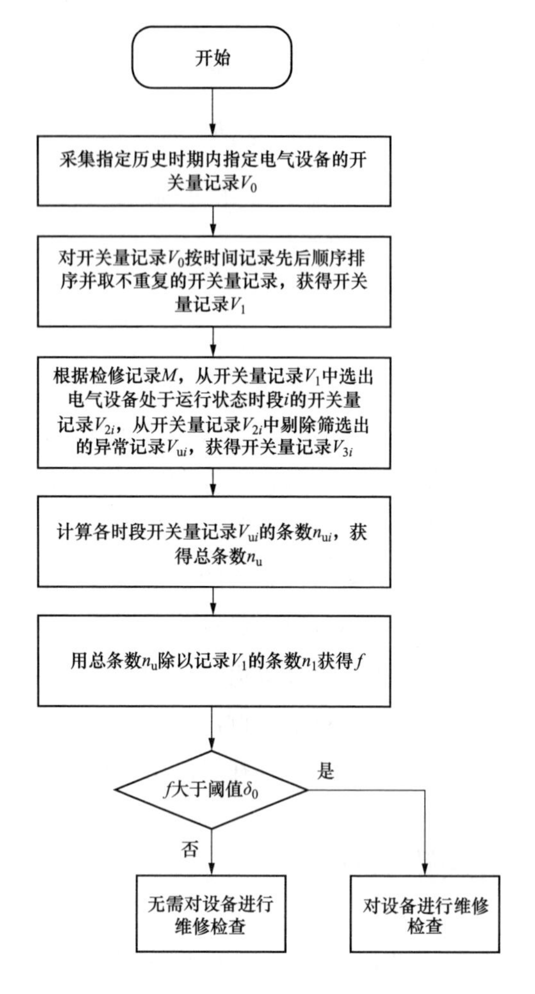

图 3-1　开关量纠错方法流程图

（4）计算各时段开关量记录 V_{ui} 的条数 n_{ui}，获得总条数 n_u。

（5）用异常记录总条数 n_u 除以记录 V_1 的条数，获得 f 为 0.0323，f 不大于阈值 0.05 时，无需对设备进行维修检查。

a．电气设备处于运行状态时段 i 的开关量记录 V_{2i} 由如下步骤获得：

（a）设 $i=1$，获取设备检修工作开始和结束时刻的组数 n_m，n_m 为 1，则进行第（b）步。

（b）从开关量记录 V_1 中获得状态记录为“on”且时间记录早于第 1 组

设备检修开始时刻的开关量记录 V_{2on1}。

（c）从开关量记录 V_1 中获得状态记录为“off”且时间记录早于第 1 组设备检修开始时刻的开关量记录 V_{2off1}。

（d）开关量记录 V_{2on1} 和开关量记录 V_{2off1} 组成开关量记录 V_{21}，即为表 3-4 所示开关量记录 V_1 中选出电气设备处于运行状态时段 1 的开关量记录 V_{21}。

（e）i 的值加 1。

（f）n_m 为 1，不满足 $n_m>1$ 且 $i \leqslant n_m$ 的条件，则进行第（g）步。

（g）从开关量记录 V_1 中获得状态记录为“on”，时间记录晚于第 1 组设备检修结束时刻的开关量记录 V_{2on2}。

（h）从开关量记录 V_1 中获得状态记录为“off”，时间记录晚于第 1 组设备检修结束时刻的开关量记录 V_{2on2}。

（i）开关量记录 V_{2on2} 和开关量记录 V_{2off2} 组成开关量记录 V_{22}，即为表 3-5 所示开关量记录 V_1 中选出电气设备处于运行状态时段 2 的开关量记录 V_{22}。

b．电气设备处于运行状态时段 1 的异常记录 V_{u1} 和开关量记录 V_{31} 由以下步骤获得：

（a）计算开关量记录 V_{2on1} 的条数获得数值 Itmpon 为 23。

（b）计算开关量记录 V_{2off1} 的条数获得数值 Itmpoff 为 22。

（c）数值 Itmpon 和数值 Itmpoff 均大于 0 则进行第（d）步。

（d）按时间记录由先到后的顺序对开关量记录 V_{2i} 进行排序，获得开关量记录 bOD。

（e）从开关量记录 bOD 中找出状态记录为“on”的开关量记录的序号，获得数组 bODon。

（f）计算数组 bODon 前后项的差值，获得数组 bODondiff。

（g）查询数组 bODondiff 中数值为 1 的位置，获得序号数组 bODonwn 为［3］。

（h）找出序号数组 bODonwn 在开关量记录 V_{21} 中对应的开关量记录，即表 3-6 所示的开关量记录，获得的 V_{u1on}。

（i）从开关量记录 V_{2on1} 中剔除 V_{u1on}，获得开关量记录 V_{2on11}。

（j）从开关量记录 bOD 中找出状态记录为“off”的开关量记录的序号，获得数组 bODoff。

（k）计算数组 bODoff 前后项的差值，获得数组 bODoffdiff。

（l）查询数组 bODoffdiff 中数值为 1 的位置，获得序号数组 bODoffwn1 为空。

（m）序号数组 bODoffwn1 各元素加 1 后获得新序号数组 bODoffwn 也为空。

（n）找出序号数组 bODoffwn 在开关量记录 V_{21} 中对应的开关量记录，获得 V_{u1off} 也为空。

（o）从开关量记录 V_{2off1} 中剔除 V_{u1off}，获得开关量记录 V_{2off11}。

（p）V_{2off11} 的第一条开关量记录 $V_{2off111}$ 的时间记录比 V_{2on11} 的第一条开关量记录 V_{2on111} 晚，则不需要把 $V_{2off111}$ 存于开关量记录 V_{u1off} 中，也不需要在 V_{2off11} 中删除 $V_{2off111}$。

（q）V_{2on11} 的最后一条开关量记录 $V_{2on11end}$ 的时间记录比 V_{2off11} 的最后一条开关量记录 $V_{2off11end}$ 早，则不需要把 $V_{2on11end}$ 存于开关量记录 V_{u1on} 中，也不需要在 V_{2on11} 中删除 $V_{2on11end}$。

（r）开关量记录 V_{u1on} 和开关量记录 V_{u1off} 组成的开关量记录即为异常记录 V_{u1}。

（s）开关量记录 V_{2on11} 和开关量记录 V_{2off11} 组成的开关量记录即为开关量记录 V_{31}。

电气设备处于运行状态时段 2 的异常记录 V_{u2} 和开关量记录 V_{32}，同理按以上（a）～（s）步骤获得，获得的异常记录 V_{u2} 为空，开关量记录 V_{32} 和 V_{21} 是同一个开关量记录。

异常记录 V_{u1} 和异常记录 V_{u2} 组成异常记录 V_u，异常记录 V_u 的总条数 $n_u = n_{u1} + n_{u2}$，因此异常记录 V_u 的总条数 $n_u = 1$。

用异常记录总条数 1 除以开关量记录 V_1 的条数 31，获得 f 为 0.0323，f 不大于阈值 0.05 时，无需对设备进行维修检查。

可见，本方法通过标准化的纠错方法实现了对任何历史时期内异常数据和运行数据的快速分离，使得运行人员能从海量数据中获得开关量记录，了解运行设备各历史时段的性能状态。并可根据异常数据的比例，获得人体感观无法辨识的故障模式，及时发现影响设备长期稳定运行的安全隐患，为快速判断运行设备的继电器、控制节点、控制回路、信号回路等是否存在缺陷提供技术支持。

表 3-1　　　　　　　　　　开 关 量 记 录 V_0

序号	时间记录	电气设备描述 1	电气设备描述 2	状态记录
1	2018-01-20 01:45:52:560	7MFB01 EA100 XG22	Sph.valve oil pump on（CMD）	on
2	2018-01-20 01:46:23:890	7MFB01 EA100 XG22	Sph.valve oil pump on（CMD）	off
3	2018-01-20 04:04:33:820	7MFB01 EA100 XG22	Sph.valve oil pump on（CMD）	on
4	2018-01-20 04:05:04:090	7MFB01 EA100 XG22	Sph.valve oil pump on（CMD）	off
5	2018-01-20 04:05:04:090	7MFB01 EA100 XG22	Sph.valve oil pump on（CMD）	off
6	2018-01-20 06:20:13:830	7MFB01 EA100 XG22	Sph.valve oil pump on（CMD）	on
7	2018-01-20 06:20:13:830	7MFB01 EA100 XG22	Sph.valve oil pump on（CMD）	on
8	2018-01-20 08:03:58:500	7MFB01 EA100 XG22	Sph.valve oil pump on（CMD）	on
9	2018-01-20 08:04:26:100	7MFB01 EA100 XG22	Sph.valve oil pump on（CMD）	off
10	2018-01-20 10:21:43:640	7MFB01 EA100 XG22	Sph.valve oil pump on（CMD）	on
11	2018-01-20 10:22:13:880	7MFB01 EA100 XG22	Sph.valve oil pump on（CMD）	off
12	2018-01-20 12:18:58:640	7MFB01 EA100 XG22	Sph.valve oil pump on（CMD）	on
13	2018-01-20 12:19:28:930	7MFB01 EA100 XG22	Sph.valve oil pump on（CMD）	off
14	2018-01-20 14:15:28:780	7MFB01 EA100 XG22	Sph.valve oil pump on（CMD）	on
15	2018-01-20 14:15:57:980	7MFB01 EA100 XG22	Sph.valve oil pump on（CMD）	off
16	2018-01-20 17:57:27:470	7MFB01 EA100 XG22	Sph.valve oil pump on（CMD）	on
17	2018-01-20 17:57:59:310	7MFB01 EA100 XG22	Sph.valve oil pump on（CMD）	off
18	2018-01-20 19:48:21:220	7MFB01 EA100 XG22	Sph.valve oil pump on（CMD）	on
19	2018-01-20 19:48:48:720	7MFB01 EA100 XG22	Sph.valve oil pump on（CMD）	off
20	2018-01-20 23:34:34:250	7MFB01 EA100 XG22	Sph.valve oil pump on（CMD）	on
21	2018-01-20 23:34:57:910	7MFB01 EA100 XG22	Sph.valve oil pump on（CMD）	off
22	2018-01-21 02:03:10:970	7MFB01 EA100 XG22	Sph.valve oil pump on（CMD）	on
23	2018-01-21 02:03:41:270	7MFB01 EA100 XG22	Sph.valve oil pump on（CMD）	off
24	2018-01-21 04:18:41:370	7MFB01 EA100 XG22	Sph.valve oil pump on（CMD）	on
25	2018-01-21 04:19:11:560	7MFB01 EA100 XG22	Sph.valve oil pump on（CMD）	off
26	2018-01-21 06:32:24:730	7MFB01 EA100 XG22	Sph.valve oil pump on（CMD）	on
27	2018-01-21 06:32:55:010	7MFB01 EA100 XG22	Sph.valve oil pump on（CMD）	off
28	2018-01-21 08:13:11:230	7MFB01 EA100 XG22	Sph.valve oil pump on（CMD）	on
29	2018-01-21 08:13:38:810	7MFB01 EA100 XG22	Sph.valve oil pump on（CMD）	off
30	2018-01-21 10:33:23:690	7MFB01 EA100 XG22	Sph.valve oil pump on（CMD）	on

续表

序号	时间记录	电气设备描述 1	电气设备描述 2	状态记录
31	2018-01-21 10:33:54:450	7MFB01 EA100 XG22	Sph.valve oil pump on（CMD）	off
32	2018-01-21 12:54:35:980	7MFB01 EA100 XG22	Sph.valve oil pump on（CMD）	on
33	2018-01-21 12:55:07:390	7MFB01 EA100 XG22	Sph.valve oil pump on（CMD）	off
34	2018-01-21 18:05:39:240	7MFB01 EA100 XG22	Sph.valve oil pump on（CMD）	on
35	2018-01-21 18:06:09:040	7MFB01 EA100 XG22	Sph.valve oil pump on（CMD）	off
36	2018-01-21 20:28:44:580	7MFB01 EA100 XG22	Sph.valve oil pump on（CMD）	on
37	2018-01-21 20:29:15:390	7MFB01 EA100 XG22	Sph.valve oil pump on（CMD）	off
38	2018-01-21 22:26:01:010	7MFB01 EA100 XG22	Sph.valve oil pump on（CMD）	on
39	2018-01-21 22:26:29:110	7MFB01 EA100 XG22	Sph.valve oil pump on（CMD）	off
40	2018-01-22 01:10:20:910	7MFB01 EA100 XG22	Sph.valve oil pump on（CMD）	on
41	2018-01-22 01:10:50:690	7MFB01 EA100 XG22	Sph.valve oil pump on（CMD）	off
42	2018-01-22 03:34:48:440	7MFB01 EA100 XG22	Sph.valve oil pump on（CMD）	on
43	2018-01-22 03:35:19:230	7MFB01 EA100 XG22	Sph.valve oil pump on（CMD）	off
44	2018-01-22 05:48:54:710	7MFB01 EA100 XG22	Sph.valve oil pump on（CMD）	on
45	2018-01-22 05:49:24:970	7MFB01 EA100 XG22	Sph.valve oil pump on（CMD）	off
46	2018-01-22 05:49:24:970	7MFB01 EA100 XG22	Sph.valve oil pump on（CMD）	off
47	2018-01-22 07:55:33:190	7MFB01 EA100 XG22	Sph.valve oil pump on（CMD）	on
48	2018-01-22 07:56:03:500	7MFB01 EA100 XG22	Sph.valve oil pump on（CMD）	off
49	2018-01-22 11:55:50:760	7MFB01 EA100 XG22	Sph.valve oil pump on（CMD）	on
50	2018-01-22 11:56:21:570	7MFB01 EA100 XG22	Sph.valve oil pump on（CMD）	off
51	2018-01-22 18:27:13:300	7MFB01 EA100 XG22	Sph.valve oil pump on（CMD）	on
52	2018-01-22 18:27:44:160	7MFB01 EA100 XG22	Sph.valve oil pump on（CMD）	off
53	2018-01-22 23:02:02:100	7MFB01 EA100 XG22	Sph.valve oil pump on（CMD）	on
54	2018-02-01 21:47:29:830	7MFB01 EA100 XG22	Sph.valve oil pump on（CMD）	off
55	2018-02-01 21:50:30:550	7MFB01 EA100 XG22	Sph.valve oil pump on（CMD）	on
56	2018-02-01 21:50:31:110	7MFB01 EA100 XG22	Sph.valve oil pump on（CMD）	off
57	2018-02-01 21:51:44:260	7MFB01 EA100 XG22	Sph.valve oil pump on（CMD）	on
58	2018-02-01 21:51:44:810	7MFB01 EA100 XG22	Sph.valve oil pump on（CMD）	off
59	2018-02-01 21:58:13:870	7MFB01 EA100 XG22	Sph.valve oil pump on（CMD）	on
60	2018-02-01 21:58:14:420	7MFB01 EA100 XG22	Sph.valve oil pump on（CMD）	off

续表

序号	时间记录	电气设备描述 1	电气设备描述 2	状态记录
61	2018-02-01 21:59:47:720	7MFB01 EA100 XG22	Sph.valve oil pump on（CMD）	on
62	2018-02-01 21:59:48:260	7MFB01 EA100 XG22	Sph.valve oil pump on（CMD）	off
63	2018-02-01 22:09:34:410	7MFB01 EA100 XG22	Sph.valve oil pump on（CMD）	on
64	2018-02-01 22:09:34:950	7MFB01 EA100 XG22	Sph.valve oil pump on（CMD）	off
65	2018-02-01 22:22:14:090	7MFB01 EA100 XG22	Sph.valve oil pump on（CMD）	on
66	2018-02-01 22:22:14:650	7MFB01 EA100 XG22	Sph.valve oil pump on（CMD）	off
67	2018-02-01 22:31:35:160	7MFB01 EA100 XG22	Sph.valve oil pump on（CMD）	on
68	2018-02-01 22:31:35:720	7MFB01 EA100 XG22	Sph.valve oil pump on（CMD）	off
69	2018-02-01 22:36:10:730	7MFB01 EA100 XG22	Sph.valve oil pump on（CMD）	on
70	2018-02-01 22:50:06:520	7MFB01 EA100 XG22	Sph.valve oil pump on（CMD）	off
71	2018-02-01 22:52:58:490	7MFB01 EA100 XG22	Sph.valve oil pump on（CMD）	on
72	2018-02-01 22:52:59:030	7MFB01 EA100 XG22	Sph.valve oil pump on（CMD）	off
73	2018-02-01 22:55:47:190	7MFB01 EA100 XG22	Sph.valve oil pump on（CMD）	on
74	2018-02-01 22:55:47:750	7MFB01 EA100 XG22	Sph.valve oil pump on（CMD）	off
75	2018-02-01 22:56:42:650	7MFB01 EA100 XG22	Sph.valve oil pump on（CMD）	on
76	2018-02-01 23:14:35:560	7MFB01 EA100 XG22	Sph.valve oil pump on（CMD）	off
77	2018-02-01 23:16:08:340	7MFB01 EA100 XG22	Sph.valve oil pump on（CMD）	on
78	2018-02-01 23:25:43:240	7MFB01 EA100 XG22	Sph.valve oil pump on（CMD）	off
79	2018-02-01 23:26:04:690	7MFB01 EA100 XG22	Sph.valve oil pump on（CMD）	on
80	2018-02-01 23:32:58:030	7MFB01 EA100 XG22	Sph.valve oil pump on（CMD）	off
81	2018-02-01 23:33:31:550	7MFB01 EA100 XG22	Sph.valve oil pump on（CMD）	on
82	2018-02-01 23:44:28:300	7MFB01 EA100 XG22	Sph.valve oil pump on（CMD）	off
83	2018-02-01 23:45:15:010	7MFB01 EA100 XG22	Sph.valve oil pump on（CMD）	on
84	2018-02-03 15:38:37:790	7MFB01 EA100 XG22	Sph.valve oil pump on（CMD）	off
85	2018-02-03 17:33:55:930	7MFB01 EA100 XG22	Sph.valve oil pump on（CMD）	on
86	2018-02-03 17:35:15:610	7MFB01 EA100 XG22	Sph.valve oil pump on（CMD）	off
87	2018-02-03 17:36:49:530	7MFB01 EA100 XG22	Sph.valve oil pump on（CMD）	on
88	2018-02-03 17:38:06:910	7MFB01 EA100 XG22	Sph.valve oil pump on（CMD）	off
89	2018-02-03 17:45:56:870	7MFB01 EA100 XG22	Sph.valve oil pump on（CMD）	on
90	2018-02-03 17:46:24:890	7MFB01 EA100 XG22	Sph.valve oil pump on（CMD）	off

续表

序号	时间记录	电气设备描述 1	电气设备描述 2	状态记录
91	2018-02-03 17:48:16:950	7MFB01 EA100 XG22	Sph.valve oil pump on（CMD）	on
92	2018-02-03 17:48:31:220	7MFB01 EA100 XG22	Sph.valve oil pump on（CMD）	off
93	2018-02-03 17:49:48:160	7MFB01 EA100 XG22	Sph.valve oil pump on（CMD）	on
94	2018-02-03 17:50:38:630	7MFB01 EA100 XG22	Sph.valve oil pump on（CMD）	off
95	2018-02-03 17:52:55:320	7MFB01 EA100 XG22	Sph.valve oil pump on（CMD）	on
96	2018-02-03 17:52:58:080	7MFB01 EA100 XG22	Sph.valve oil pump on（CMD）	off
97	2018-02-03 17:53:01:370	7MFB01 EA100 XG22	Sph.valve oil pump on（CMD）	on
98	2018-02-03 17:53:03:570	7MFB01 EA100 XG22	Sph.valve oil pump on（CMD）	off
99	2018-02-03 17:53:04:100	7MFB01 EA100 XG22	Sph.valve oil pump on（CMD）	on
100	2018-02-03 17:53:18:420	7MFB01 EA100 XG22	Sph.valve oil pump on（CMD）	off
101	2018-02-03 17:54:23:740	7MFB01 EA100 XG22	Sph.valve oil pump on（CMD）	on
102	2018-02-03 17:54:38:020	7MFB01 EA100 XG22	Sph.valve oil pump on（CMD）	off
103	2018-02-03 17:54:39:100	7MFB01 EA100 XG22	Sph.valve oil pump on（CMD）	on
104	2018-02-03 17:54:49:560	7MFB01 EA100 XG22	Sph.valve oil pump on（CMD）	off
105	2018-02-03 17:54:49:560	7MFB01 EA100 XG22	Sph.valve oil pump on（CMD）	off
106	2018-02-03 17:56:11:410	7MFB01 EA100 XG22	Sph.valve oil pump on（CMD）	on
107	2018-02-03 17:56:38:880	7MFB01 EA100 XG22	Sph.valve oil pump on（CMD）	off
108	2018-02-03 17:59:49:430	7MFB01 EA100 XG22	Sph.valve oil pump on（CMD）	on
109	2018-02-03 18:00:12:970	7MFB01 EA100 XG22	Sph.valve oil pump on（CMD）	off
110	2018-02-03 18:00:12:970	7MFB01 EA100 XG22	Sph.valve oil pump on（CMD）	off
111	2018-02-03 22:43:46:370	7MFB01 EA100 XG22	Sph.valve oil pump on（CMD）	on
112	2018-02-03 22:44:14:460	7MFB01 EA100 XG22	Sph.valve oil pump on（CMD）	off
113	2018-02-03 22:44:50:720	7MFB01 EA100 XG22	Sph.valve oil pump on（CMD）	on
114	2018-02-03 22:45:17:080	7MFB01 EA100 XG22	Sph.valve oil pump on（CMD）	off
115	2018-02-04 07:51:35:280	7MFB01 EA100 XG22	Sph.valve oil pump on（CMD）	on
116	2018-02-04 07:52:02:240	7MFB01 EA100 XG22	Sph.valve oil pump on（CMD）	off
117	2018-02-04 07:52:02:240	7MFB01 EA100 XG22	Sph.valve oil pump on（CMD）	off
118	2018-02-04 13:05:19:890	7MFB01 EA100 XG22	Sph.valve oil pump on（CMD）	on
119	2018-02-04 13:05:46:830	7MFB01 EA100 XG22	Sph.valve oil pump on（CMD）	off
120	2018-02-04 20:21:10:670	7MFB01 EA100 XG22	Sph.valve oil pump on（CMD）	on

续表

序号	时间记录	电气设备描述 1	电气设备描述 2	状态记录
121	2018-02-04 20:21:38:210	7MFB01 EA100 XG22	Sph.valve oil pump on（CMD）	off
122	2018-02-05 01:28:03:700	7MFB01 EA100 XG22	Sph.valve oil pump on（CMD）	on
123	2018-02-05 01:28:36:640	7MFB01 EA100 XG22	Sph.valve oil pump on（CMD）	off
124	2018-02-05 08:02:03:240	7MFB01 EA100 XG22	Sph.valve oil pump on（CMD）	on
125	2018-02-05 08:02:30:810	7MFB01 EA100 XG22	Sph.valve oil pump on（CMD）	off
126	2018-02-05 12:11:46:640	7MFB01 EA100 XG22	Sph.valve oil pump on（CMD）	on
127	2018-02-05 12:12:13:620	7MFB01 EA100 XG22	Sph.valve oil pump on（CMD）	off
128	2018-02-05 17:59:27:930	7MFB01 EA100 XG22	Sph.valve oil pump on（CMD）	on
129	2018-02-05 17:59:57:150	7MFB01 EA100 XG22	Sph.valve oil pump on（CMD）	off
130	2018-02-05 20:17:25:720	7MFB01 EA100 XG22	Sph.valve oil pump on（CMD）	on
131	2018-02-05 20:17:52:660	7MFB01 EA100 XG22	Sph.valve oil pump on（CMD）	off
132	2018-02-06 00:54:52:880	7MFB01 EA100 XG22	Sph.valve oil pump on（CMD）	on
133	2018-02-06 00:55:18:730	7MFB01 EA100 XG22	Sph.valve oil pump on（CMD）	off
134	2018-02-06 03:29:20:180	7MFB01 EA100 XG22	Sph.valve oil pump on（CMD）	on
135	2018-02-06 03:29:47:700	7MFB01 EA100 XG22	Sph.valve oil pump on（CMD）	off
136	2018-02-06 05:52:29:320	7MFB01 EA100 XG22	Sph.valve oil pump on（CMD）	on
137	2018-02-06 05:52:56:780	7MFB01 EA100 XG22	Sph.valve oil pump on（CMD）	off
138	2018-02-06 11:21:30:670	7MFB01 EA100 XG22	Sph.valve oil pump on（CMD）	on
139	2018-02-06 11:21:57:620	7MFB01 EA100 XG22	Sph.valve oil pump on（CMD）	off
140	2018-02-06 17:50:51:160	7MFB01 EA100 XG22	Sph.valve oil pump on（CMD）	on
141	2018-02-06 17:51:18:030	7MFB01 EA100 XG22	Sph.valve oil pump on（CMD）	off
142	2018-02-06 22:43:59:290	7MFB01 EA100 XG22	Sph.valve oil pump on（CMD）	on
143	2018-02-06 22:44:26:880	7MFB01 EA100 XG22	Sph.valve oil pump on（CMD）	off
144	2018-02-07 01:38:47:630	7MFB01 EA100 XG22	Sph.valve oil pump on（CMD）	on
145	2018-02-07 01:39:08：460	7MFB01 EA100 XG22	Sph.valve oil pump on（CMD）	off
146	2018-02-07 08:07:54:700	7MFB01 EA100 XG22	Sph.valve oil pump on（CMD）	on
147	2018-02-07 08:08:23:380	7MFB01 EA100 XG22	Sph.valve oil pump on（CMD）	off
148	2018-02-07 10:34:23:530	7MFB01 EA100 XG22	Sph.valve oil pump on（CMD）	on
149	2018-02-07 10:34:50:470	7MFB01 EA100 XG22	Sph.valve oil pump on（CMD）	off
150	2018-02-07 12:37:57:480	7MFB01 EA100 XG22	Sph.valve oil pump on（CMD）	on

续表

序号	时间记录	电气设备描述 1	电气设备描述 2	状态记录
151	2018-02-07 12:38:21:130	7MFB01 EA100 XG22	Sph.valve oil pump on（CMD）	off
152	2018-02-07 14:31:08:790	7MFB01 EA100 XG22	Sph.valve oil pump on（CMD）	on
153	2018-02-07 14:31:35:700	7MFB01 EA100 XG22	Sph.valve oil pump on（CMD）	off
154	2018-02-07 16:38:50:570	7MFB01 EA100 XG22	Sph.valve oil pump on（CMD）	on
155	2018-02-07 16:39:18:680	7MFB01 EA100 XG22	Sph.valve oil pump on（CMD）	off
156	2018-02-07 19:23:51:310	7MFB01 EA100 XG22	Sph.valve oil pump on（CMD）	on
157	2018-02-07 19:24：19:390	7MFB01 EA100 XG22	Sph.valve oil pump on（CMD）	off
158	2018-02-07 22:19:09:080	7MFB01 EA100 XG22	Sph.valve oil pump on（CMD）	on
159	2018-02-07 22:19:36:050	7MFB01 EA100 XG22	Sph.valve oil pump on（CMD）	off

表 3-2　　　　开 关 量 记 录 V_1

序号	时间记录	电气设备描述 1	电气设备描述 2	状态记录
1	2018-01-20 01:45:52:560	7MFB01 EA100 XG22	Sph.valve oil pump on（CMD）	on
2	2018-01-20 01:46:23:890	7MFB01 EA100 XG22	Sph.valve oil pump on（CMD）	off
3	2018-01-20 04:04:33:820	7MFB01 EA100 XG22	Sph.valve oil pump on（CMD）	on
4	2018-01-20 04:05:04:090	7MFB01 EA100 XG22	Sph.valve oil pump on（CMD）	off
5	2018-01-20 06:20:13:830	7MFB01 EA100 XG22	Sph.valve oil pump on（CMD）	on
6	2018-01-20 08:03:58:500	7MFB01 EA100 XG22	Sph.valve oil pump on（CMD）	on
7	2018-01-20 08:04:26:100	7MFB01 EA100 XG22	Sph.valve oil pump on（CMD）	off
8	2018-01-20 10:21:43:640	7MFB01 EA100 XG22	Sph.valve oil pump on（CMD）	on
9	2018-01-20 10:22:13:880	7MFB01 EA100 XG22	Sph.valve oil pump on（CMD）	off
10	2018-01-20 12:18:58:640	7MFB01 EA100 XG22	Sph.valve oil pump on（CMD）	on
11	2018-01-20 12:19:28:930	7MFB01 EA100 XG22	Sph.valve oil pump on（CMD）	off
12	2018-01-20 14:15:28:780	7MFB01 EA100 XG22	Sph.valve oil pump on（CMD）	on
13	2018-01-20 14:15:57:980	7MFB01 EA100 XG22	Sph.valve oil pump on（CMD）	off
14	2018-01-20 17:57:27:470	7MFB01 EA100 XG22	Sph.valve oil pump on（CMD）	on
15	2018-01-20 17:57:59:310	7MFB01 EA100 XG22	Sph.valve oil pump on（CMD）	off
16	2018-01-20 19:48:21:220	7MFB01 EA100 XG22	Sph.valve oil pump on（CMD）	on
17	2018-01-20 19:48:48:720	7MFB01 EA100 XG22	Sph.valve oil pump on（CMD）	off
18	2018-01-20 23:34:34:250	7MFB01 EA100 XG22	Sph.valve oil pump on（CMD）	on

续表

序号	时间记录	电气设备描述 1	电气设备描述 2	状态记录
19	2018-01-20 23:34:57:910	7MFB01 EA100 XG22	Sph.valve oil pump on（CMD）	off
20	2018-01-21 02:03:10:970	7MFB01 EA100 XG22	Sph.valve oil pump on（CMD）	on
21	2018-01-21 02:03:41:270	7MFB01 EA100 XG22	Sph.valve oil pump on（CMD）	off
22	2018-01-21 04:18:41:370	7MFB01 EA100 XG22	Sph.valve oil pump on（CMD）	on
23	2018-01-21 04:19:11:560	7MFB01 EA100 XG22	Sph.valve oil pump on（CMD）	off
24	2018-01-21 06:32:24:730	7MFB01 EA100 XG22	Sph.valve oil pump on（CMD）	on
25	2018-01-21 06:32:55:010	7MFB01 EA100 XG22	Sph.valve oil pump on（CMD）	off
26	2018-01-21 08:13:11:230	7MFB01 EA100 XG22	Sph.valve oil pump on（CMD）	on
27	2018-01-21 08:13:38:810	7MFB01 EA100 XG22	Sph.valve oil pump on（CMD）	off
28	2018-01-21 10:33:23:690	7MFB01 EA100 XG22	Sph.valve oil pump on（CMD）	on
29	2018-01-21 10:33:54:450	7MFB01 EA100 XG22	Sph.valve oil pump on（CMD）	off
30	2018-01-21 12:54:35:980	7MFB01 EA100 XG22	Sph.valve oil pump on（CMD）	on
31	2018-01-21 12:55:07:390	7MFB01 EA100 XG22	Sph.valve oil pump on（CMD）	off
32	2018-01-21 18:05:39:240	7MFB01 EA100 XG22	Sph.valve oil pump on（CMD）	on
33	2018-01-21 18:06:09:040	7MFB01 EA100 XG22	Sph.valve oil pump on（CMD）	off
34	2018-01-21 20:28:44:580	7MFB01 EA100 XG22	Sph.valve oil pump on（CMD）	on
35	2018-01-21 20:29:15:390	7MFB01 EA100 XG22	Sph.valve oil pump on（CMD）	off
36	2018-01-21 22:26:01:010	7MFB01 EA100 XG22	Sph.valve oil pump on（CMD）	on
37	2018-01-21 22:26:29:110	7MFB01 EA100 XG22	Sph.valve oil pump on（CMD）	off
38	2018-01-22 01:10:20:910	7MFB01 EA100 XG22	Sph.valve oil pump on（CMD）	on
39	2018-01-22 01:10:50:690	7MFB01 EA100 XG22	Sph.valve oil pump on（CMD）	off
40	2018-01-22 03:34:48:440	7MFB01 EA100 XG22	Sph.valve oil pump on（CMD）	on
41	2018-01-22 03:35:19:230	7MFB01 EA100 XG22	Sph.valve oil pump on（CMD）	off
42	2018-01-22 05:48:54:710	7MFB01 EA100 XG22	Sph.valve oil pump on（CMD）	on
43	2018-01-22 05:49:24:970	7MFB01 EA100 XG22	Sph.valve oil pump on（CMD）	off
44	2018-01-22 07:55:33:190	7MFB01 EA100 XG22	Sph.valve oil pump on（CMD）	on
45	2018-01-22 07:56:03:500	7MFB01 EA100 XG22	Sph.valve oil pump on（CMD）	off
46	2018-01-22 11:55:50:760	7MFB01 EA100 XG22	Sph.valve oil pump on（CMD）	on
47	2018-01-22 11:56:21:570	7MFB01 EA100 XG22	Sph.valve oil pump on（CMD）	off
48	2018-01-22 18:27:13:300	7MFB01 EA100 XG22	Sph.valve oil pump on（CMD）	on

续表

序号	时间记录	电气设备描述 1	电气设备描述 2	状态记录
49	2018-01-22 18:27:44:160	7MFB01 EA100 XG22	Sph.valve oil pump on（CMD）	off
50	2018-01-22 23:02:02:100	7MFB01 EA100 XG22	Sph.valve oil pump on（CMD）	on
51	2018-02-01 21:47:29:830	7MFB01 EA100 XG22	Sph.valve oil pump on（CMD）	off
52	2018-02-01 21:50:30:550	7MFB01 EA100 XG22	Sph.valve oil pump on（CMD）	on
53	2018-02-01 21:50:31:110	7MFB01 EA100 XG22	Sph.valve oil pump on（CMD）	off
54	2018-02-01 21:51:44:260	7MFB01 EA100 XG22	Sph.valve oil pump on（CMD）	on
55	2018-02-01 21:51:44:810	7MFB01 EA100 XG22	Sph.valve oil pump on（CMD）	off
56	2018-02-01 21:58:13:870	7MFB01 EA100 XG22	Sph.valve oil pump on（CMD）	on
57	2018-02-01 21:58:14:420	7MFB01 EA100 XG22	Sph.valve oil pump on（CMD）	off
58	2018-02-01 21:59:47:720	7MFB01 EA100 XG22	Sph.valve oil pump on（CMD）	on
59	2018-02-01 21:59:48:260	7MFB01 EA100 XG22	Sph.valve oil pump on（CMD）	off
60	2018-02-01 22:09:34:410	7MFB01 EA100 XG22	Sph.valve oil pump on（CMD）	on
61	2018-02-01 22:09:34:950	7MFB01 EA100 XG22	Sph.valve oil pump on（CMD）	off
62	2018-02-01 22:22:14:090	7MFB01 EA100 XG22	Sph.valve oil pump on（CMD）	on
63	2018-02-01 22:22:14:650	7MFB01 EA100 XG22	Sph.valve oil pump on（CMD）	off
64	2018-02-01 22:31:35:160	7MFB01 EA100 XG22	Sph.valve oil pump on（CMD）	on
65	2018-02-01 22:31:35:720	7MFB01 EA100 XG22	Sph.valve oil pump on（CMD）	off
66	2018-02-01 22:36:10:730	7MFB01 EA100 XG22	Sph.valve oil pump on（CMD）	on
67	2018-02-01 22:50:06:520	7MFB01 EA100 XG22	Sph.valve oil pump on（CMD）	off
68	2018-02-01 22:52:58:490	7MFB01 EA100 XG22	Sph.valve oil pump on（CMD）	on
69	2018-02-01 22:52:59:030	7MFB01 EA100 XG22	Sph.valve oil pump on（CMD）	off
70	2018-02-01 22:55:47:190	7MFB01 EA100 XG22	Sph.valve oil pump on（CMD）	on
71	2018-02-01 22:55:47:750	7MFB01 EA100 XG22	Sph.valve oil pump on（CMD）	off
72	2018-02-01 22:56:42:650	7MFB01 EA100 XG22	Sph.valve oil pump on（CMD）	on
73	2018-02-01 23:14:35:560	7MFB01 EA100 XG22	Sph.valve oil pump on（CMD）	off
74	2018-02-01 23:16:08:340	7MFB01 EA100 XG22	Sph.valve oil pump on（CMD）	on
75	2018-02-01 23:25:43:240	7MFB01 EA100 XG22	Sph.valve oil pump on（CMD）	off
76	2018-02-01 23:26:04:690	7MFB01 EA100 XG22	Sph.valve oil pump on（CMD）	on
77	2018-02-01 23:32:58:030	7MFB01 EA100 XG22	Sph.valve oil pump on（CMD）	off
78	2018-02-01 23:33:31:550	7MFB01 EA100 XG22	Sph.valve oil pump on（CMD）	on

续表

序号	时间记录	电气设备描述 1	电气设备描述 2	状态记录
79	2018-02-01 23:44:28:300	7MFB01 EA100 XG22	Sph.valve oil pump on（CMD）	off
80	2018-02-01 23:45:15:010	7MFB01 EA100 XG22	Sph.valve oil pump on（CMD）	on
81	2018-02-03 15:38:37:790	7MFB01 EA100 XG22	Sph.valve oil pump on（CMD）	off
82	2018-02-03 17:33:55:930	7MFB01 EA100 XG22	Sph.valve oil pump on（CMD）	on
83	2018-02-03 17:35:15:610	7MFB01 EA100 XG22	Sph.valve oil pump on（CMD）	off
84	2018-02-03 17:36:49:530	7MFB01 EA100 XG22	Sph.valve oil pump on（CMD）	on
85	2018-02-03 17:38:06:910	7MFB01 EA100 XG22	Sph.valve oil pump on（CMD）	off
86	2018-02-03 17:45:56:870	7MFB01 EA100 XG22	Sph.valve oil pump on（CMD）	on
87	2018-02-03 17:46:24:890	7MFB01 EA100 XG22	Sph.valve oil pump on（CMD）	off
88	2018-02-03 17:48:16:950	7MFB01 EA100 XG22	Sph.valve oil pump on（CMD）	on
89	2018-02-03 17:48:31:220	7MFB01 EA100 XG22	Sph.valve oil pump on（CMD）	off
90	2018-02-03 17:49:48:160	7MFB01 EA100 XG22	Sph.valve oil pump on（CMD）	on
91	2018-02-03 17:50:38:630	7MFB01 EA100 XG22	Sph.valve oil pump on（CMD）	off
92	2018-02-03 17:52:55:320	7MFB01 EA100 XG22	Sph.valve oil pump on（CMD）	on
93	2018-02-03 17:52:58:080	7MFB01 EA100 XG22	Sph.valve oil pump on（CMD）	off
94	2018-02-03 17:53:01:370	7MFB01 EA100 XG22	Sph.valve oil pump on（CMD）	on
95	2018-02-03 17:53:03:570	7MFB01 EA100 XG22	Sph.valve oil pump on（CMD）	off
96	2018-02-03 17:53:04:100	7MFB01 EA100 XG22	Sph.valve oil pump on（CMD）	on
97	2018-02-03 17:53:18:420	7MFB01 EA100 XG22	Sph.valve oil pump on（CMD）	off
98	2018-02-03 17:54:23:740	7MFB01 EA100 XG22	Sph.valve oil pump on（CMD）	on
99	2018-02-03 17:54:38:020	7MFB01 EA100 XG22	Sph.valve oil pump on（CMD）	off
100	2018-02-03 17:54:39:100	7MFB01 EA100 XG22	Sph.valve oil pump on（CMD）	on
101	2018-02-03 17:54:49:560	7MFB01 EA100 XG22	Sph.valve oil pump on（CMD）	off
102	2018-02-03 17:56:11:410	7MFB01 EA100 XG22	Sph.valve oil pump on（CMD）	on
103	2018-02-03 17:56:38:880	7MFB01 EA100 XG22	Sph.valve oil pump on（CMD）	off
104	2018-02-03 17:59:49:430	7MFB01 EA100 XG22	Sph.valve oil pump on（CMD）	on
105	2018-02-03 18:00:12:970	7MFB01 EA100 XG22	Sph.valve oil pump on（CMD）	off
106	2018-02-03 22:43:46:370	7MFB01 EA100 XG22	Sph.valve oil pump on（CMD）	on
107	2018-02-03 22:44:14:460	7MFB01 EA100 XG22	Sph.valve oil pump on（CMD）	off
108	2018-02-03 22:44:50:720	7MFB01 EA100 XG22	Sph.valve oil pump on（CMD）	on

续表

序号	时间记录	电气设备描述 1	电气设备描述 2	状态记录
109	2018-02-03 22:45:17:080	7MFB01 EA100 XG22	Sph.valve oil pump on（CMD）	off
110	2018-02-04 07:51:35:280	7MFB01 EA100 XG22	Sph.valve oil pump on（CMD）	on
111	2018-02-04 07:52:02:240	7MFB01 EA100 XG22	Sph.valve oil pump on（CMD）	off
112	2018-02-04 13:05:19:890	7MFB01 EA100 XG22	Sph.valve oil pump on（CMD）	on
113	2018-02-04 13:05:46:830	7MFB01 EA100 XG22	Sph.valve oil pump on（CMD）	off
114	2018-02-04 20:21:10:670	7MFB01 EA100 XG22	Sph.valve oil pump on（CMD）	on
115	2018-02-04 20:21:38:210	7MFB01 EA100 XG22	Sph.valve oil pump on（CMD）	off
116	2018-02-05 01:28:03:700	7MFB01 EA100 XG22	Sph.valve oil pump on（CMD）	on
117	2018-02-05 01:28:36:640	7MFB01 EA100 XG22	Sph.valve oil pump on（CMD）	off
118	2018-02-05 08:02:03:240	7MFB01 EA100 XG22	Sph.valve oil pump on（CMD）	on
119	2018-02-05 08:02:30:810	7MFB01 EA100 XG22	Sph.valve oil pump on（CMD）	off
120	2018-02-05 12:11:46:640	7MFB01 EA100 XG22	Sph.valve oil pump on（CMD）	on
121	2018-02-05 12:12:13:620	7MFB01 EA100 XG22	Sph.valve oil pump on（CMD）	off
122	2018-02-05 17:59:27:930	7MFB01 EA100 XG22	Sph.valve oil pump on（CMD）	on
123	2018-02-05 17:59:57:150	7MFB01 EA100 XG22	Sph.valve oil pump on（CMD）	off
124	2018-02-05 20:17:25:720	7MFB01 EA100 XG22	Sph.valve oil pump on（CMD）	on
125	2018-02-05 20:17:52:660	7MFB01 EA100 XG22	Sph.valve oil pump on（CMD）	off
126	2018-02-06 00:54:52:880	7MFB01 EA100 XG22	Sph.valve oil pump on（CMD）	on
127	2018-02-06 00:55:18:730	7MFB01 EA100 XG22	Sph.valve oil pump on（CMD）	off
128	2018-02-06 03:29:20:180	7MFB01 EA100 XG22	Sph.valve oil pump on（CMD）	on
129	2018-02-06 03:29:47:700	7MFB01 EA100 XG22	Sph.valve oil pump on（CMD）	off
130	2018-02-06 05:52:29:320	7MFB01 EA100 XG22	Sph.valve oil pump on（CMD）	on
131	2018-02-06 05:52:56:780	7MFB01 EA100 XG22	Sph.valve oil pump on（CMD）	off
132	2018-02-06 11:21:30:670	7MFB01 EA100 XG22	Sph.valve oil pump on（CMD）	on
133	2018-02-06 11:21:57:620	7MFB01 EA100 XG22	Sph.valve oil pump on（CMD）	off
134	2018-02-06 17:50:51:160	7MFB01 EA100 XG22	Sph.valve oil pump on（CMD）	on
135	2018-02-06 17:51:18:030	7MFB01 EA100 XG22	Sph.valve oil pump on（CMD）	off
136	2018-02-06 22:43:59:290	7MFB01 EA100 XG22	Sph.valve oil pump on（CMD）	on
137	2018-02-06 22:44:26:880	7MFB01 EA100 XG22	Sph.valve oil pump on（CMD）	off
138	2018-02-07 01:38:47:630	7MFB01 EA100 XG22	Sph.valve oil pump on（CMD）	on

续表

序号	时间记录	电气设备描述 1	电气设备描述 2	状态记录
139	2018-02-07 01:39:08:460	7MFB01 EA100 XG22	Sph.valve oil pump on（CMD）	off
140	2018-02-07 08:07:54:700	7MFB01 EA100 XG22	Sph.valve oil pump on（CMD）	on
141	2018-02-07 08:08:23:380	7MFB01 EA100 XG22	Sph.valve oil pump on（CMD）	off
142	2018-02-07 10:34:23:530	7MFB01 EA100 XG22	Sph.valve oil pump on（CMD）	on
143	2018-02-07 10:34:50:470	7MFB01 EA100 XG22	Sph.valve oil pump on（CMD）	off
144	2018-02-07 12:37:57:480	7MFB01 EA100 XG22	Sph.valve oil pump on（CMD）	on
145	2018-02-07 12:38:21:130	7MFB01 EA100 XG22	Sph.valve oil pump on（CMD）	off
146	2018-02-07 14:31:08:790	7MFB01 EA100 XG22	Sph.valve oil pump on（CMD）	on
147	2018-02-07 14:31:35:700	7MFB01 EA100 XG22	Sph.valve oil pump on（CMD）	off
148	2018-02-07 16:38:50:570	7MFB01 EA100 XG22	Sph.valve oil pump on（CMD）	on
149	2018-02-07 16:39:18:680	7MFB01 EA100 XG22	Sph.valve oil pump on（CMD）	off
150	2018-02-07 19:23:51:310	7MFB01 EA100 XG22	Sph.valve oil pump on（CMD）	on
151	2018-02-07 19:24:19:390	7MFB01 EA100 XG22	Sph.valve oil pump on（CMD）	off
152	2018-02-07 22:19:09:080	7MFB01 EA100 XG22	Sph.valve oil pump on（CMD）	on
153	2018-02-07 22:19:36:050	7MFB01 EA100 XG22	Sph.valve oil pump on（CMD）	off

表 3-3　　　　检 修 记 录 M

名称	退备种类	开始时间	结束时间	备注
7 号机	计划检修	2018-01-22 09:25:00	2018-02-06 19:20:00	无

表 3-4　　　　开 关 量 记 录 V_{21}

序号	时间记录	电气设备描述 1	电气设备描述 2	状态记录
1	2018-01-20 01:45:52:560	7MFB01 EA100 XG22	Sph.valve oil pump on（CMD）	on
2	2018-01-20 01:46:23:890	7MFB01 EA100 XG22	Sph.valve oil pump on（CMD）	off
3	2018-01-20 04:04:33:820	7MFB01 EA100 XG22	Sph.valve oil pump on（CMD）	on
4	2018-01-20 04:05:04:090	7MFB01 EA100 XG22	Sph.valve oil pump on（CMD）	off
5	2018-01-20 06:20:13:830	7MFB01 EA100 XG22	Sph.valve oil pump on（CMD）	on
6	2018-01-20 08:03:58:500	7MFB01 EA100 XG22	Sph.valve oil pump on（CMD）	on
7	2018-01-20 08:04:26:100	7MFB01 EA100 XG22	Sph.valve oil pump on（CMD）	off
8	2018-01-20 10:21:43:640	7MFB01 EA100 XG22	Sph.valve oil pump on（CMD）	on

续表

序号	时间记录	电气设备描述 1	电气设备描述 2	状态记录
9	2018-01-20 10:22:13:880	7MFB01 EA100 XG22	Sph.valve oil pump on（CMD）	off
10	2018-01-20 12:18:58:640	7MFB01 EA100 XG22	Sph.valve oil pump on（CMD）	on
11	2018-01-20 12:19:28:930	7MFB01 EA100 XG22	Sph.valve oil pump on（CMD）	off
12	2018-01-20 14:15:28:780	7MFB01 EA100 XG22	Sph.valve oil pump on（CMD）	on
13	2018-01-20 14:15:57:980	7MFB01 EA100 XG22	Sph.valve oil pump on（CMD）	off
14	2018-01-20 17:57:27:470	7MFB01 EA100 XG22	Sph.valve oil pump on（CMD）	on
15	2018-01-20 17:57:59:310	7MFB01 EA100 XG22	Sph.valve oil pump on（CMD）	off
16	2018-01-20 19:48:21:220	7MFB01 EA100 XG22	Sph.valve oil pump on（CMD）	on
17	2018-01-20 19:48:48:720	7MFB01 EA100 XG22	Sph.valve oil pump on（CMD）	off
18	2018-01-20 23:34:34:250	7MFB01 EA100 XG22	Sph.valve oil pump on（CMD）	on
19	2018-01-20 23:34:57:910	7MFB01 EA100 XG22	Sph.valve oil pump on（CMD）	off
20	2018-01-21 02:03:10:970	7MFB01 EA100 XG22	Sph.valve oil pump on（CMD）	on
21	2018-01-21 02:03:41:270	7MFB01 EA100 XG22	Sph.valve oil pump on（CMD）	off
22	2018-01-21 04:18:41:370	7MFB01 EA100 XG22	Sph.valve oil pump on（CMD）	on
23	2018-01-21 04:19:11:560	7MFB01 EA100 XG22	Sph.valve oil pump on（CMD）	off
24	2018-01-21 06:32:24:730	7MFB01 EA100 XG22	Sph.valve oil pump on（CMD）	on
25	2018-01-21 06:32:55:010	7MFB01 EA100 XG22	Sph.valve oil pump on（CMD）	off
26	2018-01-21 08:13:11:230	7MFB01 EA100 XG22	Sph.valve oil pump on（CMD）	on
27	2018-01-21 08:13:38:810	7MFB01 EA100 XG22	Sph.valve oil pump on（CMD）	off
28	2018-01-21 10:33:23:690	7MFB01 EA100 XG22	Sph.valve oil pump on（CMD）	on
29	2018-01-21 10:33:54:450	7MFB01 EA100 XG22	Sph.valve oil pump on（CMD）	off
30	2018-01-21 12:54:35:980	7MFB01 EA100 XG22	Sph.valve oil pump on（CMD）	on
31	2018-01-21 12:55:07:390	7MFB01 EA100 XG22	Sph.valve oil pump on（CMD）	off
32	2018-01-21 18:05:39:240	7MFB01 EA100 XG22	Sph.valve oil pump on（CMD）	on
33	2018-01-21 18:06:09:040	7MFB01 EA100 XG22	Sph.valve oil pump on（CMD）	off
34	2018-01-21 20:28:44:580	7MFB01 EA100 XG22	Sph.valve oil pump on（CMD）	on
35	2018-01-21 20:29:15:390	7MFB01 EA100 XG22	Sph.valve oil pump on（CMD）	off
36	2018-01-21 22:26:01:010	7MFB01 EA100 XG22	Sph.valve oil pump on（CMD）	on
37	2018-01-21 22:26:29:110	7MFB01 EA100 XG22	Sph.valve oil pump on（CMD）	off
38	2018-01-22 01:10:20:910	7MFB01 EA100 XG22	Sph.valve oil pump on（CMD）	on

续表

序号	时间记录	电气设备描述 1	电气设备描述 2	状态记录
39	2018-01-22 01:10:50:690	7MFB01 EA100 XG22	Sph.valve oil pump on（CMD）	off
40	2018-01-22 03:34:48:440	7MFB01 EA100 XG22	Sph.valve oil pump on（CMD）	on
41	2018-01-22 03:35:19:230	7MFB01 EA100 XG22	Sph.valve oil pump on（CMD）	off
42	2018-01-22 05:48:54:710	7MFB01 EA100 XG22	Sph.valve oil pump on（CMD）	on
43	2018-01-22 05:49:24:970	7MFB01 EA100 XG22	Sph.valve oil pump on（CMD）	off
44	2018-01-22 07:55:33:190	7MFB01 EA100 XG22	Sph.valve oil pump on（CMD）	on
45	2018-01-22 07:56:03:500	7MFB01 EA100 XG22	Sph.valve oil pump on（CMD）	off

表 3-5　　开关量记录 V_{22}

序号	时间	设备描述 1	设备描述 2	状态
1	2018-02-06 22:43:59:290	7MFB01 EA100 XG22	Sph.valve oil pump on（CMD）	on
2	2018-02-06 22:44:26:880	7MFB01 EA100 XG22	Sph.valve oil pump on（CMD）	off
3	2018-02-07 01:38:47:630	7MFB01 EA100 XG22	Sph.valve oil pump on（CMD）	on
4	2018-02-07 01:39:08:460	7MFB01 EA100 XG22	Sph.valve oil pump on（CMD）	off
5	2018-02-07 08:07:54:700	7MFB01 EA100 XG22	Sph.valve oil pump on（CMD）	on
6	2018-02-07 08:08:23:380	7MFB01 EA100 XG22	Sph.valve oil pump on（CMD）	off
7	2018-02-07 10:34:23:530	7MFB01 EA100 XG22	Sph.valve oil pump on（CMD）	on
8	2018-02-07 10:34:50:470	7MFB01 EA100 XG22	Sph.valve oil pump on（CMD）	off
9	2018-02-07 12:37:57:480	7MFB01 EA100 XG22	Sph.valve oil pump on（CMD）	on
10	2018-02-07 12:38:21:130	7MFB01 EA100 XG22	Sph.valve oil pump on（CMD）	off
11	2018-02-07 14:31:08:790	7MFB01 EA100 XG22	Sph.valve oil pump on（CMD）	on
12	2018-02-07 14:31:35:700	7MFB01 EA100 XG22	Sph.valve oil pump on（CMD）	off
13	2018-02-07 16:38:50:570	7MFB01 EA100 XG22	Sph.valve oil pump on（CMD）	on
14	2018-02-07 16:39:18:680	7MFB01 EA100 XG22	Sph.valve oil pump on（CMD）	off
15	2018-02-07 19:23:51:310	7MFB01 EA100 XG22	Sph.valve oil pump on（CMD）	on
16	2018-02-07 19:24:19:390	7MFB01 EA100 XG22	Sph.valve oil pump on（CMD）	off
17	2018-02-07 22:19:09:080	7MFB01 EA100 XG22	Sph.valve oil pump on（CMD）	on
18	2018-02-07 22:19:36:050	7MFB01 EA100 XG22	Sph.valve oil pump on（CMD）	off

表 3-6　　开关量记录 V_u

序号	时间	设备描述 1	设备描述 2	状态
6	2018-01-20 06:20:13:830	7MFB01 EA100 XG22	Sph.valve oil pump on（CMD）	on

3.4　本章小结

本章提供电气设备开关量记录快速纠错方法。该方法具体步骤如下：首先从指定历史时期内指定电气设备的开关量记录中剔除重复出现的开关量记录，并按记录时间由先到后进行顺序；接着筛选出电气设备正常运行时段中的开关量记录，并从中剔除筛选出的异常记录；然后计算设备的运行时间，最后用异常记录条数与正常记录条数的比例 f 与阈值 δ_0 进行比较，若 f 大于阈值 δ_0 时，则对设备进行维修检查，若 f 不大于阈值 δ_0 时，则无需对设备进行维修检查。本方法从指定历史时期内处于运行状态的指定电气设备开关量记录中分离出因设备检修、数据传输丢包、异常动作、误发信号造成的开关量记录，为评估运行状态以及异常数据分析提供重要的技术支持。

第4章 异常运行工况快速甄别方法

4.1 自适应异常工况甄别及定位原理

水电厂运行设备启动通常采用顺序控制，顺序控制由若干个按照一定顺序排列的程序模块组成，每个程序模块按照顺序对一系列设备进行控制。在控制流程中，每个程序模块的开始和结束都有开关量作为标志位，这些含有程序模块启动、结束状态、对应时刻描述的记录为本方法所述的开关量记录。每个程序模块的执行时间都有一定的要求，如果某个程序模块执行超过预设的时间时，机组一般会自动转停机或启动紧急跳机流程。

在正常运行中，每个程序模块的执行时间会在一定范围内变化，根据中心极限定理，该变化分布应符合正态分布。对每个程序模块执行时间进行统计分析，能发现程序模块执行超过正常区域但未达到超时限制的情况，及时对该程序模块中涉及的设备进行排查，可以避免机组启动失败或紧急跳机事件的发生。

运行设备正常处于备用状态，通常可随时启动且可通过送出开关量，记录下此时的时刻和“on”状态，也可随时停下且通过送出开关量，记录下此时时刻和“off”状态的设备。

这些含有设备“on”或“off”状态、对应时刻、相应设备描述的记录即为本章中所述的开关量记录。工程中，可通过计算开关量记录中两种状态记录的间隔时差，获得设备运行的持续时间，以及通过开关量记录的数目获知设备的启动频次。

然而由于开关量记录的数目较为庞大，且缺乏从开关量记录中直接分离出异常运行记录的技术方法，导致无法从开关量记录中萃取反映设备异常运行状态的关键信息，致使相应的状态检修举步维艰。此外，若仅通过传统的最大值、最小值、平均值等指标对开关量记录进行分析，也仅能得出设备总体的运行参数。让人不容忽视的是，若开关量记录中存在较多异常运行记录时，通过平均值等指标进行分析，往往可能会得出错误的结论。

后来在本方法的工程实践中发现正常情况下运行状态良好的设备，其开关量记录总体应呈现以平均值为中心或以最大频值为中心，频次数据依次向正负坐标方向快速锐减，类似于正态分布的概率分布。考虑到正态分布中，1.96 倍均方差以外的分布为小概率事件，若将概率分布应用于开关量记录的频次分析中，无疑为快速从开关量记录中分离出异常运行状态下的开关量记录，为及时掌握运行设备的运行状况、运行设备的状态评估及其状态检修提供线索提供了技术借鉴。

定义指定 t 区间的样本数与总样本数的比值为 t 的概率密度 f_t。正常情况下，运行状态良好的设备内部通常密封良好，无油等传动介质的泄露，每次保压做功能达到控制指标差值的要求。且保压做功的同时，也存在对外做功和内部压力自然损失的情况。经大量实践验证，保压做功的确定性具体呈现为概率密度 f_t 满足以平均值或最大频值为中心，依次向正负坐标方向快速锐减，近似于正态分布的概率分布 τ。

当概率分布 τ 近似正态分布时，判断设备保压性能良好，甄别得出运行设备整体运行性能稳定正常。而对于概率分布 τ 不近似呈正态分布时，则辅以保压做功周期的历史统计参数观察保压性能的变化趋势，以找出性能劣化的拐点。

值得注意的是，受安装工艺、做功对象不同等客观因素影响，同一原理、同一型号的不同设备的概率分布 τ 也有较大差别，具体表现为平均值、最大频值和均方差存在差异。考虑到正态分布中，偏离中心±1.96 倍均方差的数据点为小概率事件，若将这一思想应用于工况甄别中，无疑可为不同设备保压性能分析提供自适应快速定位反映异常运行状态的开关量记录的有效工程手段。

由于 k 受对外做功的随机因素影响大，由指定 k 区间的样本数与总样本数的比值形成的分布的概率特征不明显。但当出现传动介质泄露的故障时，不仅概率分布 τ 出现逐渐畸变，k 数值也会逐渐减少，因此，k 可作为保压性能出现异常后，进一步分析故障类别的辅助判据。

4.2　异常工况快速甄别及定位的计算机实现方法

本节的目的在于提供电气设备异常运行工况快速甄别方法，能快速从指定历史时期内运行设备的开关量记录中分离出异常运行状态下的开关量记录，为运行设备的状态评估及其状态检修提供线索。

电气设备异常运行工况快速甄别方法流程如图 4-1 所示，包括如下步骤：

（1）从指定历史时期内运行设备的开关量记录 V_0 中剔除设备检修期间的开关量记录 V_m 后，获得开关量记录 V_1。

（2）通过开关量记录 V_1 计算获得设备的运行时间 T_1 及运行时间 T_1 的概率分布 f_1，并绘出 f_1 的分布图。

（3）若概率分布图左右对称，则选择以平均值 x_{av} 为中心，1.96 倍均方差 σ 以外的开关量记录 V_{u1}，即为异常运行工况的开关量记录。若概率分布图左右不对称，则选择以最大频值 x_{max} 为中心，1.96 倍均方差 σ 以外的开关量记录 V_{u2}，即为异常运行工况的开关量记录。

（4）剔除异常运行工况记录后，获得开关量记录 V_2，重新计算获得设备的运行时间 T_2 及运行时间 T_2 的概率分布 f_2，并算出概率分布 f_2 的均方差 η。若 η 小于阈值 δ_0 时，则设备运行不稳定，需对该设备进行检查维护；若 η 大于阈值 δ_0 时，则设备运行稳定，则无需对该设备进行检查维护。

上述方法中，所述设备是指正常处于备用状态，可随时启动且可通过信号送出开关量记录下此时的时刻和 “on” 状态，也可随时停下且通过信号送出开关量记录下此时的时刻和 “off” 状态的设备。

开关量包含两种状态记录，分别是代表“on”的“1”状态记录和代表“off”的“0”状态记录。开关量记录则至少包含三个记录内容，分别是精确至毫秒的时间记录、状态记录、设备描述。

a．设备的运行时间 T_1 由以下计算获得：

（a）从开关量记录 V_1 中找出“on”状态记录 V_{1on} 和“off”状态记录 V_{1off}，并数出记录 V_{1on} 的条数 n_{1on} 和记录 V_{1off} 的条数 n_{1off}。

（b）将 1～n_{1on} 作为记录 V_{1on} 的序号，将 1～n_{1off} 作为记录 V_{1off} 的序号。

（c）将序号相同的记录 V_{1off} 和记录 V_{1on} 中的时间记录两两作差后获得的

差值即为设备的运行时间 T_1。

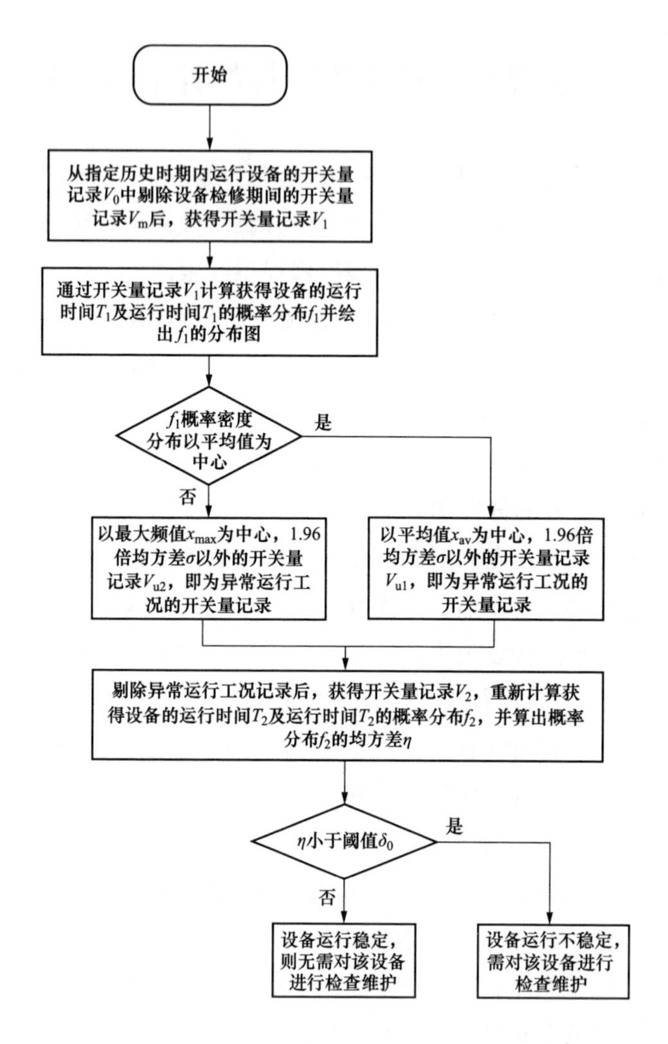

图 4-1　电气设备异常运行工况快速甄别方法流程图

b．概率分布 f_1 由以下计算获得：

（a）将运行时间 T_1 的最大值向正方向取整后获得 max。

（b）将运行时间 T_1 的最小值向负方向取整后获得 min。

（c）默认设运行时间最小刻度 rati 为 1，若（max-min）/rati 大于 100，则 rati 改为(max-min)/100，若(max-min)/rati 小于 4，则 rati 改为(max-min)/20，若(max-min)/rati 的值既不大于 100，也不小于 4，则 rati 取默认值 1。

（d）以 min 为最小值，max 为最大值，rati 为公差，获得数列 x 和数列 x

的个数 lengthx。

（e）将运行时间 T_1 按数值大小，由小至大进行排序，获得数列 TT_1、数列 TT_1 的个数 m 和数列 TT_1 各数在数列 T_1 中的序号。

（f）设 $i=1$，将数列 TT_1 中满足数值小于或等于 x（1）条件的数存在数组 xx（1）中，xx（1）中数的个数存在数列 y（1）中。

（g）i 的值加 1，若 i 的值不大于 lengthx，并进行第（h）步，若 i 的值大于 lengthx，则转至第（i）步。

（h）将数列 TT_1 中满足数值小于或等于 x（i）而又大于 x（i-1）条件的数存在数组 xx（i）中，xx（i）中数的个数存在数列 y（i）中，转至第（g）步。

（i）概率分布 f_1 等于数列 y 中各数与 m 的比值。

上述中的概率分布 f_1 的分布图是以数列 x 为横坐标，概率分布 f_1 为纵坐标，绘出的二维柱状图。

最大频值 x_{max} 是 f_1 的分布图中 f_1 的最大值对应的横坐标 x 的值。平均值 x_{av} 是运行时间 T_1 的平均值。均方差 σ 是运行时间 T_1 的均方差。

其中，概率密度分布图左右对称是指最大频值 x_{max} 在（1 ± 0.1）x_{av} 的区间内，所述概率密度分布图左右不对称，是指最大频值 x_{max} 在（1 ± 0.1）x_{av} 的区间外。

c．异常运行工况的开关量记录由以下步骤获得：

（a）以平均值 x_{av} 为中心，从数列 x 中找出数值小于（$x_{av}-1.96\times\sigma$）和大于（$x_{av}+1.96\times\sigma$）的数所对应的序号，再根据序号对应在数列 xx 中找到相应的运行时间 T_1 的序号，找出的序号即为异常运行工况的开关量记录 V_{u1}。

（b）以最大频值 x_{max} 为中心，从数列 x 中找出数值小于（$x_{max}-1.96\times\sigma$）和大于（$x_{max}+1.96\times\sigma$）的数所对应的序号，再根据序号对应在数列 xx 中找到相应的运行时间 T_1 的序号，找出的序号即为异常运行工况的开关量记录 V_{u2}。

d．概率分布的均方差 η 由以下步骤获得：

（a）从数列 f_1 中删去异常运行工况的开关量记录对应的数值后获得数列 f_2。

（b）计算数列 f_2 的均方差，即为概率分布的均方差 η。

本方法中的阈值 δ_0 是运行时间 T_2 的最大值。

与现有技术相比，本方法填补了工程界的空白，具有以下优点和技术效果：

（1）本方法能快速从指定历史时期内运行设备的开关量记录中分离出异常运行状态下的开关量记录，为设备的异常运行状态判断提供有效的数据支持。

（2）本方法通过获得概率分布的均方差，实现了对运行设备的状态是否正常稳定的快速量化评估，能更好对设备状态进行检修。

（3）本方法应用概率分布弥补了过去平均值无法反应概率分布的缺陷，实现了对设备历史运行状态的直观展示。

4.3 工况分析实例

以下对某蓄能水电厂机组球阀液压系统保压性能的状态分析为实例。5～8 号机组液压系统为同一原理、同一型号的不同设备。液压系统采用容积式液压传动结构，两台油泵互为主备用，通过球阀油泵打压实现液压系统的压力保持，如图 4-2 所示。

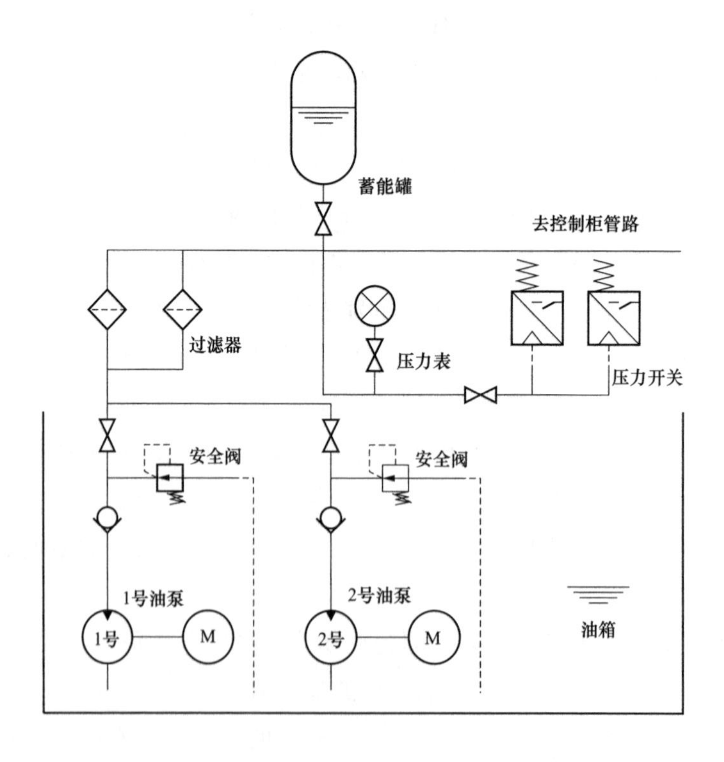

图 4-2 球阀液压系统原理图

保压原理为气囊内氮气体积一定，通过压力开关控制球阀油泵启停打压以控制油压在 5.5MPa～6MPa 的区间内。即当球阀液压系统油压低于 5.5MPa 时，启动油泵打压，并通过送出开关量，记录下此时的时刻和“on”状态；当油压等于 6MPa 时，油泵停止运行，并通过送出开关量，记录下此时的时刻和“off”状态。

4.3.1　离线分析实例

以 2014 年 1 月 1 日至 7 月 1 日期间，7、8 号机组球阀液压系统保压性能的状态分析为实例。结合图 4-1 流程，异常运行工况快速甄别方法包括以下步骤：

（1）从电厂主计算机时间记录模块中导出 2014 年 1 月 1 日至 7 月 1 日期间，7、8 号球阀油泵启停的开关量记录 V_0，从 V_0 中剔除设备检修期间的开关量记录 V_m 后，获得开关量记录 V_1。

（2）通过开关量记录 V_1，计算获得 7 号球阀油泵的运行时长 T_{17}、8 号球阀油泵的运行时长 T_{18}、运行时长 T_{17} 的概率分布 f_{17}、运行时长 T_{18} 的概率分布 f_{18}，图 4-3 示出 f_{17} 的分布和图 4-4 示出 f_{18} 的分布。

（3）7 号球阀运行时长的概率分布 f_{17} 左右对称，则选择以平均值 x_{av7} 为中心，1.96 倍均方差 σ_7 以外的开关量记录 V_{u17}，即为 7 号球阀液压系统异常运行工况的开关量记录。8 号球阀运行时长的概率分布左右对称，则选择以

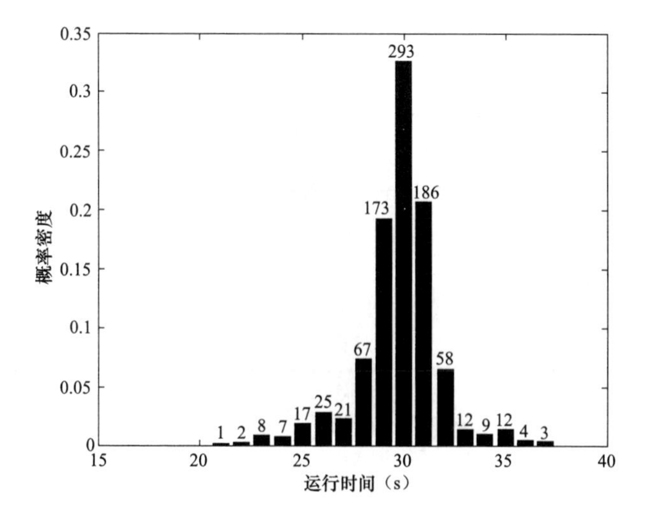

图 4-3　f_{17} 的分布图

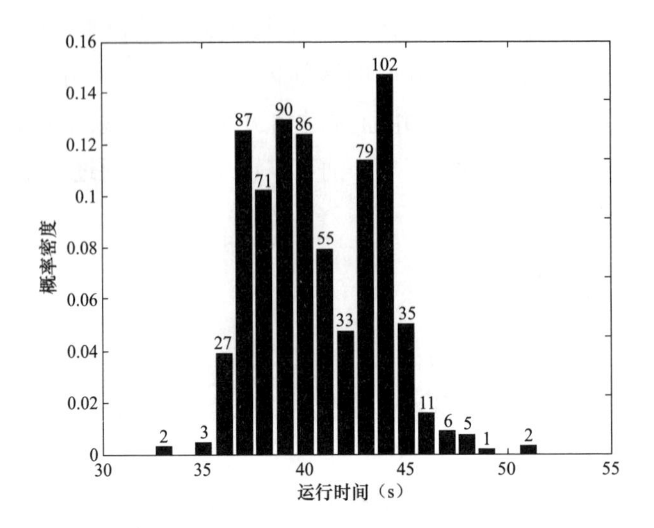

图 4-4　f_{18}的分布图

平均值 x_{av8} 为中心，1.96 倍均方差 σ_8 以外的开关量记录 V_{u18}，即为 8 号球阀液压系统异常运行工况的开关量记录。

（4）剔除异常运行工况记录后，获得 7 号球阀油泵的运行时长 T_{27}、运行时长 T_{27} 的概率分布 f_{27}，8 号球阀油泵的运行时长 T_{28}、运行时长 T_{28} 的概率分布 f_{28}，图 4-5 示出 f_{27} 的分布，图 4-6 示出 f_{28} 的分布，并算出概率分布 f_{27} 的均方差 η_7 为 96.0361、概率分布 f_{28} 的均方差 η_8 为 34.5079。

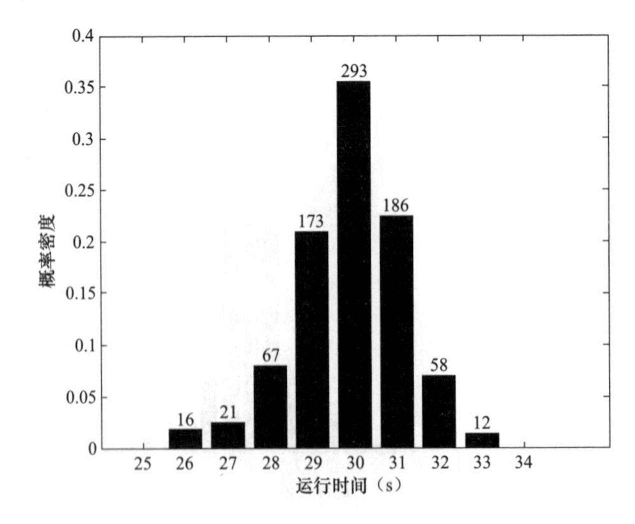

图 4-5　f_{27}的分布图

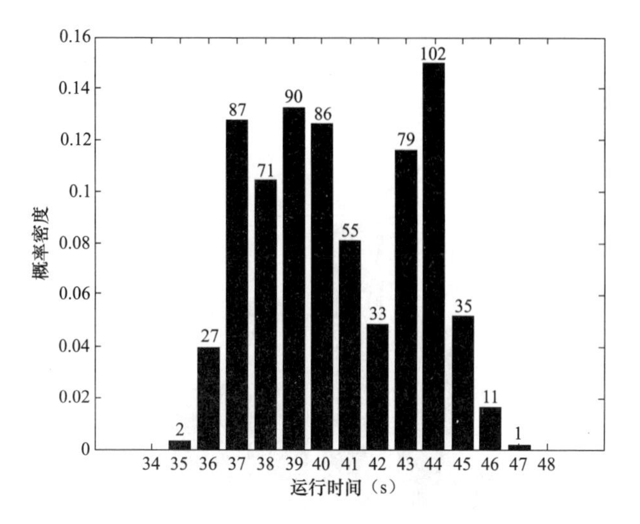

图 4-6　f_{28}的分布图

7 号球阀油泵的运行时长 T_{27} 的最大值为 33，则阈值 δ_{07} 为 33；8 号球阀油泵的运行时长 T_{28} 的最大值为 47，则阈值 δ_{08} 为 47。

η_7 大于阈值 δ_{07}，7 号球阀油泵运行稳定，则无需对 7 号球阀油泵所属液压系统进行检查维护；η_8 小于阈值 δ_{08}，8 号球阀油泵运行不稳定，需对 8 号球阀油泵所属液压系统进行检查维护。

4.3.2　状态监测实例

以 2015 年 1 月 1 日至 2015 年 5 月 18 日，5、6 号机组球阀液压系统保压性能的状态分析为实例。

图 4-7、图 4-8 分别示出 REPRSA 输出的 5、6 号球阀保压做功时间差 t_5 和 t_6（单位为秒）的概率分布，图中纵坐标为区间［0，1］的概率，横坐标为保压做功时间差（单位为秒）。t_5 近似于正态分布，可见 5 号球阀液压系统保压性能良好，运行稳定。t_6 正常也应如 t_5 相近处于［30，45］s 的区间内，却呈现中间低两边高的浴盆形状，且在区间［2，5］s 的工况数较多。图 4-9 示出的 6 号球阀 k_6 的历史统计，纵向曲线通过 k_6 每周的均方差反映波动量，横向曲线为 k_6 的平均值，不难可以发现 k_6 的数值为平稳变化，并从第 13 周开始逐渐降低，说明油泵启动越来越频繁，保压性能呈现逐渐劣化的迹象。现地检查压力表读数正常，校验压力开关定值没有偏移，管路也无漏油点。后来现地投退 6 号机球阀下游密封时发现油压有短时较大波动（从 5.5MPa

降至 5MPa），经确认为 6 号机球阀油压系统储能罐气囊压力不足导致油压回路储压能力下降，补气后发现，气囊端盖密封破损漏气导致，更换密封后恢复正常。

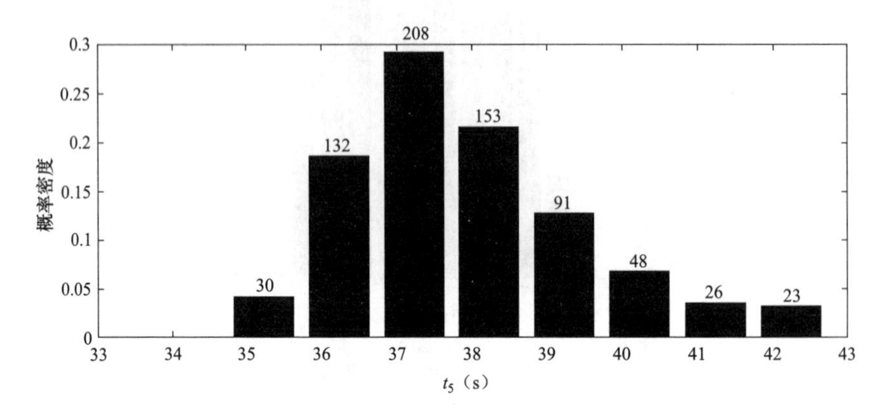

图 4-7　5 号球阀 t_5 的分布图

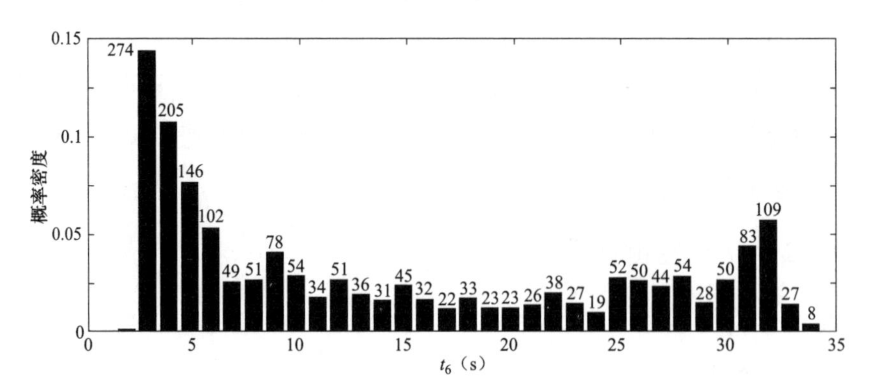

图 4-8　6 号球阀 t_6 的分布图

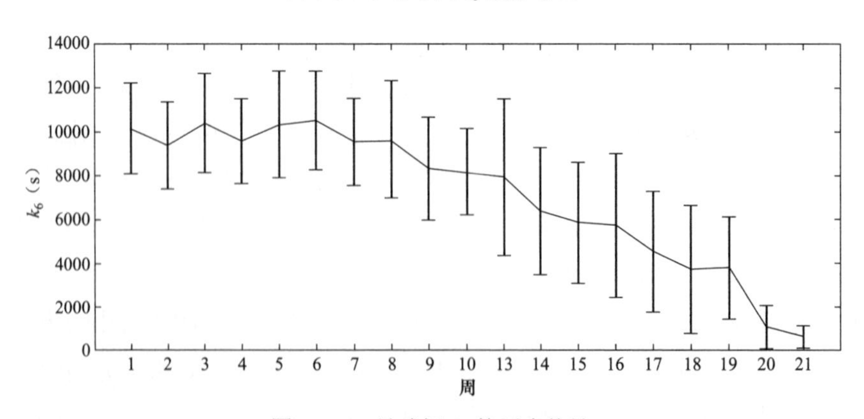

图 4-9　6 号球阀 k_6 的历史统计

4.4　基于知识库的机组启停流程特征分析方法

基于知识库的机组启停流程特征分析方法，可以对机组启停流程进行分析，对流程中涉及的模拟量和开关量特征进行分析，以识别故障状态。

对不同工况流程的每一步进行分析，对跳闸信号进行报警并锁定跳闸时刻流程状态和设备状态，同时对异常的流程执行时间进行提示，具体步骤如下：

（1）机组进入某一个启停工况流程的第一步。

（2）监测是否有跳闸信号。若有，则发出报警并锁定当前时刻的流程状态和设备状态；若无，则等待流程步执行完毕。

（3）监测流程是否超时。若超时，则发出报警并锁定当前时刻的流程状态和设备状态；若未超时，则记录并显示本次流程步所用时间。

（4）根据本次流程步所用时间，比对流程步预设时间。若超过预设时间则发出提示。同时，根据所用时间自动计算流程步时间的修正值，更新预设时间。

（5）进入流程第二步，重复（2）～（4）步内容，直到所有流程步结束，工况转换完成。

注：若出现跳闸信号或流程超时锁定状态，需要手动复归流程画面。

相关步骤如图 4-10 所列。

对不同工况流程的每一步中的模拟量特征进行分析，对信号在特定时间区间内的异常跳变情况进行提示，具体步骤如下：

（1）机组进入某一个启停工况流程的第一步。

（2）监测对应模拟量特征的数值，直到该步结束。

（3）是否匹配知识库内规则（Interval 和 Edge 字段匹配）。若匹配，则继续监测直到该步结束；若不匹配，则发出提示。

（4）若有多条规则，则依次进行匹配处理。

（5）该流程步结束后，若未发生规则不匹配的情况，则根据本次流程步情况更新规则的修正值。

（6）进入流程第二步，重复（2）～（5）步内容，直到所有流程步结束，工况转换完成。

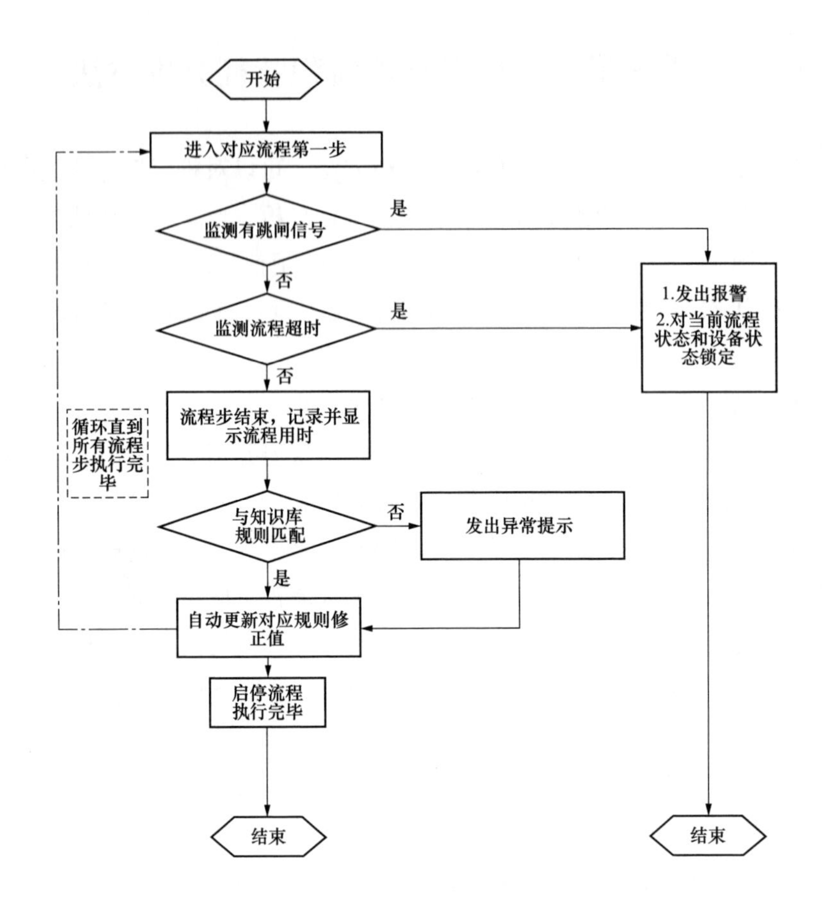

图 4-10　知识库的机组启停流程图（一）

相关步骤如图 4-11 所列。

对不同工况流程的每一步中的开关量特征进行分析，对信号在特定时间区间内的变位情况以及流程步过程中的变位次数异常情况进行提示，具体步骤如下：

（1）机组进入某一个启停工况流程的第一步。

（2）监测对应开关量特征的变位时间和变位信息，直到该步结束。

（3）是否匹配知识库内规则（P Edge、N Edge、P Count 和 N Count 字段匹配）。若匹配，则继续监测直到该步结束；若不匹配，则发出提示。

（4）若有多条规则，则依次进行匹配处理。

（5）该流程步结束后，若未发生规则不匹配的情况，则根据本次流程步情况更新规则的修正值。

（6）进入流程第二步，重复（2）～（5）步内容，直到所有流程步结束，工况转换完成。

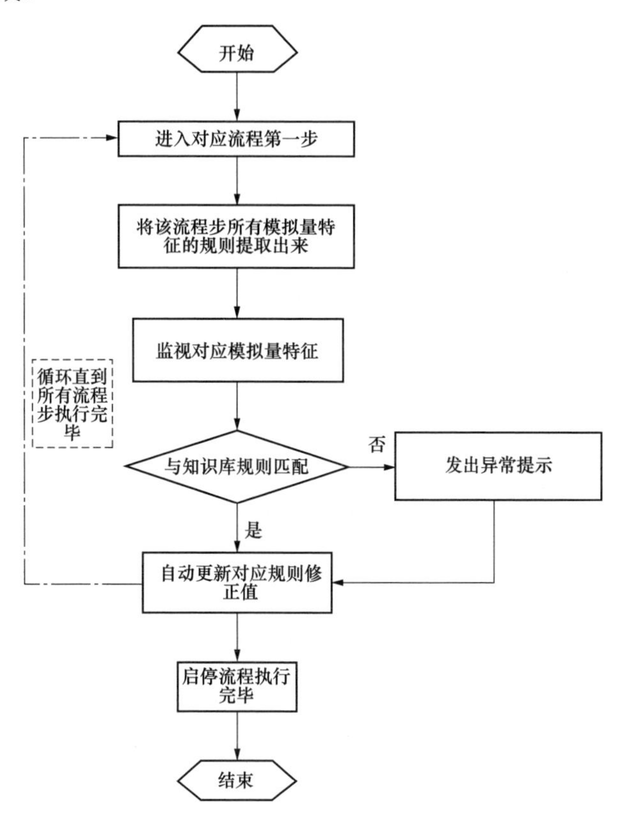

图 4-11　知识库的机组启停流程图（二）

相关步骤如图 4-12 所列。

对不同机组、不同流程、不同规则进行差异化管理，使规则更匹配机组启停流程的实际情况，具体步骤如下：

（1）机组进入某一个启停工况流程的第一步。

（2）该流程步正常执行结束后，根据流程步实际执行时间，实时计算并更新知识库规则的修正值。

（3）该流程步正常执行结束后，根据模拟量特征的实际监测情况，实时计算并更新知识库规则的修正值。

（4）该流程步正常执行结束后，根据开关量特征的实际监测情况，实时计算并更新知识库规则的修正值。

（5）进入流程第二步，重复（2）～（5）步内容，直到所有流程步结束，工况转换完成。

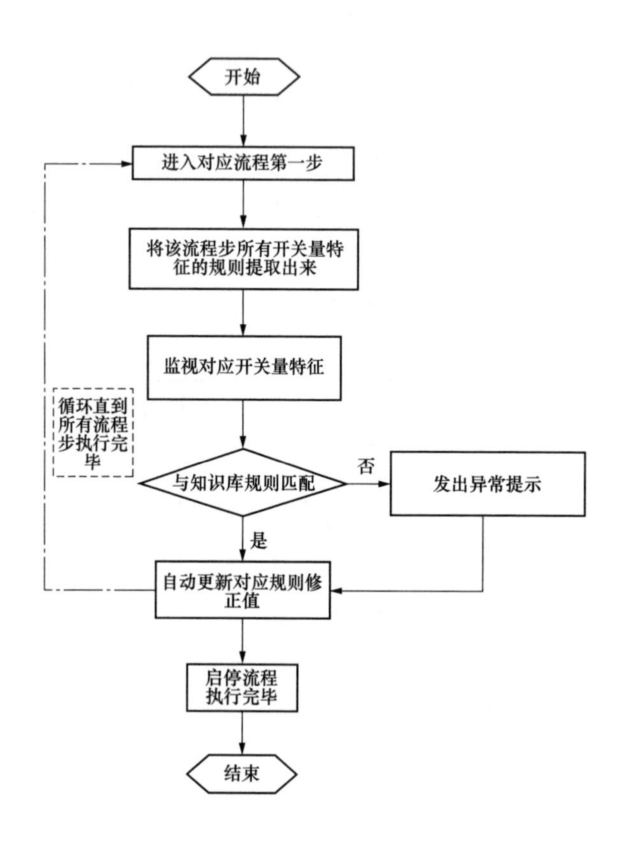

图 4-12　知识库的机组启停流程图（三）

4.5　本章小结

本章提供的异常运行工况快速甄别方法，能快速从开关量记录中分离出异常运行状态下的开关量记录，为运行设备的状态评估及其状态检修提供线索。该方法具体步骤如下：首先从运行设备的开关量记录中剔除设备检修期间的开关量记录。接着计算设备的运行时间及其概率分布。然后根据概率密度分布是否左右对称，以平均值或最大频值为中心，1.96 倍均方差以外的开关量记录即为异常运行工况的开关量记录。最后计算剔除异常运行工况记录后的概率分布的均方差，若均方差小于阈值 δ_0 时，则设备运行不稳定，需对该设备进行及时维护；若均方差大于阈值 δ_0 时，则设备运行稳定，无需对该设备进行检查维护。

第5章

运行效率及渗漏缺陷状态检修方法

5.1 运行效率及渗漏缺陷的表征

本章方法适用于调速器油泵、调速器漏油泵、球阀油泵、尾闸油泵等各类油泵，消防水泵、渗漏排水泵等各类水泵及电动阀门，低压气机等各类气机。本章以消防水泵为例进行介绍。

消防水泵运行效率下降、消防水系统漏水等隐性缺陷较为隐蔽。过去往往在消防水泵故障停运、消防水系统严重漏水导致水位不满足运行条件等缺陷暴露的情况下才能被发现。如此给安全生产带来严重影响，甚至造成设备损坏，设备非计划停运的后果。

本方法从指定统计周期内指定消防水系统消防水泵的开关量记录中通过快速获取启动次数、总运行时间、平均运行时间，通过与前一统计周期比较，即可辨识消防水泵运行效率下降、消防水系统漏水等隐性缺陷，进而进行检查维修，达到状态检修的目标。

然而，记录消防水系统消防水泵的开关量记录数据较为庞大，过去缺乏从开关量记录中快速判断消防水系统异常运行情况的技术方法，导致无法从开关量记录中萃取反映设备异常运行状态的关键信息，致使相应的状态检修举步维艰。

本方法结合工程经验，全面考虑记录消防水系统消防水泵开关量记录的特性，对相关分析方法进行标准化，并交给计算机完成，使得消防水系统运行效率及漏水缺陷的状态检修方法实现自动检测和控制。

5.2　消防水系统运行效率及漏水缺陷状态检修方法

本方法提供消防水系统运行效率及漏水缺陷状态检修方法，从指定统计周期内指定消防水系统消防水泵的开关量记录中快速辨识消防水泵运行效率下降、消防水系统漏水等隐性缺陷、缺陷跟踪、提前消缺工作提供技术支持。

本方法消防水系统运行效率及漏水缺陷状态检修方法，步骤如下：

（1）采集指定统计周期内指定消防水系统消防水泵的开关量记录 V_0，剔除开关量记录 V_0 中定检期间的开关量记录和重复出现的开关量记录后，获得开关量记录 V_1。

（2）计算开关量记录 V_1 中消防水泵的运行时间 T。

（3）计算运行时间 T 中的消防水泵的启动次数 Q_1、总运行时间 T_1、平均运行时间 t_1。

（4）与前一统计周期的消防水泵的启动次数 Q_0、总运行时间 T_0、平均运行时间 t_0 进行比较，若启动次数 Q_1 同比增幅大于阈值 δ_1，或总运行时间 T_1 同比增幅大于阈值 δ_2，或平均运行时间 t_1 同比增幅大于阈值 δ_3，或平均运行时间 t_1 大于阈值 δ_0，则对消防水系统的消防水泵、蓄水装置及其管路进行检查维修。

上述方法中，所述消防水系统消防水泵是指正常情况处于运行状态时，能随时启动消防水泵做功且通过送出开关量，记录下此时时刻和此时消防水泵的“on”状态，也能随时停下消防水泵且通过送出开关量，记录下此时的时刻和消防水泵的“off”状态。

其中开关量包含两种状态记录，分别是代表投入状态的“1”状态记录和代表退出状态的“0”状态记录；所述开关量记录至少包含三个记录内容，分别是精确至毫秒的时间记录、状态记录、设备描述。

上述方法中，统计周期是周。

a．开关量记录 V_1 由以下过程获得：

（a）按时间记录由先到后的顺序，对开关量记录 V_0 进行排序，获得开关量记录 V_{01}。

（b）取开关量记录 V_{01} 中时间记录不重复的开关量记录，组成开关量记

录 V_{02}。

（c）从开关量记录 V_{02} 中剔除消防系统定检期间的开关量记录后获得开关量记录 V_1。

b．消防水泵的运行时间 T 由以下过程获得：

（a）从开关量记录 V_1 中找出“on”状态记录 V_{1on} 和“off”状态记录 V_{1off}，并获取记录 V_{1on} 的条数 n_{1on} 和记录 V_{1off} 的条数 n_{1off}。

（b）将 $1\sim n_{1on}$ 作为记录 V_{1on} 的序号，将 $1\sim n_{1off}$ 作为记录 V_{1off} 的序号。

（c）将序号相同的记录 V_{1off} 和记录 V_{1on} 中的时间记录两两作差后获得的差值即为消防水泵的运行时间 T。

c．消防水泵的启动次数 Q_1、总运行时间 T_1、平均运行时间 t_1 由以下过程获得：

（a）计算获得运行时间 T 的条数，即为启动次数 Q_1。

（b）计算获得运行时间 T 各记录的数值总和，即为总运行时间 T_1。

（c）计算获得总运行时间 T_1 与启动次数 Q_1 的比值，即为平均运行时间 t_1。

阈值 δ_1 是 40%、阈值 δ_2 是 30%、阈值 δ_3 是 40%，阈值 δ_0 由统计周期为年的消防水泵平均运行时间与 1.5 的乘积获得。

d．对消防水系统的消防水泵、蓄水装置及其管路进行检查维修由以下过程组成：

（a）消防水泵电动机检查维修：

a）检查电动机外观无裂痕、散热叶片无断裂破损。

b）检查电动机轴承运作正常，无额外阻力，运作时无异常声音。

c）检查消防系统过滤器排污阀在关闭状态，无跑水现象。

d）检查外壳接地电阻小于 1Ω。

e）检查电动机线圈绝缘电阻大于 0.5MΩ，三相线圈的直流电阻偏差在±4%范围内，电动机启动电流一般在运行电流的 5～7 倍左右，运行时三相运行电流偏差在±4%内，超出此范围的水泵电动机则判断为故障。故障的原因有电动机轴承损坏、线圈匝间短路、定子硅钢片断片、转子鼠笼条断条、负载堵转、电源缺相。

（b）消防系统蓄水装置和管路检查维修：

a）检查消防系统蓄水装置外观正常，无漏水/跑水现象，水位正常。

b）检查消防系统蓄水装置水泵启停控制浮子功能正常，水泵启停控制传感器电阻测量正常，传感器传动试验正常。

c)检查消防系统管路正常，无焊缝砂眼漏水现象，管路接头密封良好。

（c）消防系统阀门检查维修：

a）检查消防系统阀门状态正常，无误开或漏关现象，消防水无漏水现象。

b）检查消防水系统常闭阀门无串水现象，采用靠近阀门耳听的方法，正常情况下听不到水流声，若有水流声则判断有串水现象，则调整传感器位置节点或手动关闭阀门再次判断，若还有水流声则怀疑阀门本体故障，需隔离后更换阀门整体；若调整传感器位置节点或手动关闭阀门后水流声消失，则测量传感器位置节点是否正确，若传感器故障，则更换传感器，若传感器正常，则进行传动试验，若传动后水流声未消失，更换操动机构。

与现有技术相比，本方法填补了工程界的空白，具有以下优点和技术效果：

（1）本方法提供了对消防水系统消防水泵开关量记录的标准化分析方法，实现对消防水系统异常运行工况的快速辨识，使得消防水系统运行效率及漏水缺陷的状态检修方法实现自动检测和控制。

（2）本方法提供了对消防水系统的消防水泵、蓄水装置及其管路进行检查维修的标准方法，实现对消防水系统运行效率及漏水缺陷状态的快速甄别。

（3）本方法还可根据消防水泵的总体运行情况，快速判断消防水系统的消防水泵、蓄水装置、相关管路、阀门是否存在缺陷，可在缺陷暴露前实现消缺。

5.3　消防水系统的状态检修实例

以下对某蓄能水电厂 2017 年 01 月 04 日 00:00 至 01 月 11 日 00:00 消防水系统消防水泵的开关量记录进行实例分析。两台消防水泵互为主备用。在消防水池水位下降到达启动浮子时，一台消防水泵启动；待水位上升至停泵浮子后，消防水泵停下。统计周期为年的消防水泵平均运行时间为 180min。阈值 $\delta_0=1.5\times180=270$（min）。

结合图 5-1 流程，消防水系统运行效率及漏水缺陷状态检修方法包括以下步骤：

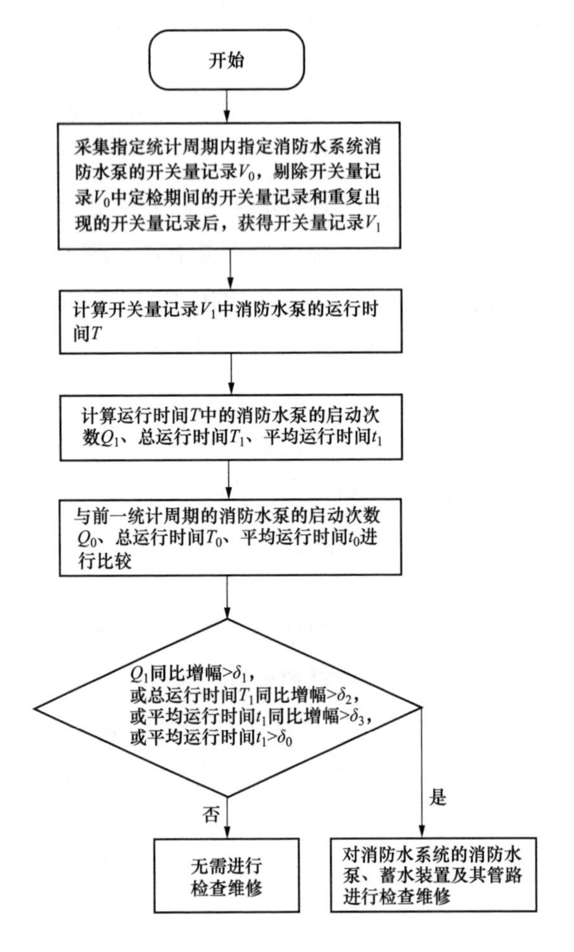

图 5-1　方法流程图

（1）采集历史时段 2017 年 01 月 04 日 00:00 至 01 月 11 日 00:00 消防水系统消防水泵的开关量记录 V_0，对开关量记录 V_0 按时间记录先后顺序排序并剔除开关量记录 V_0 中定检期间的开关量记录和重复出现的开关量记录后，获得开关量记录 V_1（见表 5-1）。

表 5-1　　消防水系统消防水泵的开关量记录 V_1

时间	设备描述 1	设备描述 2	状态
2017-01-04 10:07:23:920	00JPT002JC_C	PUMP 2　CONTACTOR	on
2017-01-04 12:07:03:980	00JPT002JC_C	PUMP 2　CONTACTOR	off

续表

时间	设备描述 1	设备描述 2	状态
2017-01-04 15:41:59:160	00JPT002JC_C	PUMP 2　CONTACTOR	on
2017-01-04 16:28:05:820	00JPT002JC_C	PUMP 2　CONTACTOR	off
2017-01-04 16:28:06:000	00JPT001JC_C	PUMP 1　CONTACTOR	on
2017-01-04 22:56:31:360	00JPT001JC_C	PUMP 1　CONTACTOR	off
2017-01-05 01:17:46:880	00JPT001JC_C	PUMP 1　CONTACTOR	on
2017-01-05 08:43:43:380	00JPT001JC_C	PUMP 1　CONTACTOR	off
2017-01-05 10:55:09:580	00JPT001JC_C	PUMP 1　CONTACTOR	on
2017-01-05 18:14:26:640	00JPT001JC_C	PUMP 1　CONTACTOR	off
2017-01-05 20:33:33:980	00JPT001JC_C	PUMP 1　CONTACTOR	on
2017-01-06 00:48:13:820	00JPT001JC_C	PUMP 1　CONTACTOR	off
2017-01-06 06:21:47:660	00JPT001JC_C	PUMP 1　CONTACTOR	on
2017-01-06 09:01:10:080	00JPT001JC_C	PUMP 1　CONTACTOR	off
2017-01-06 11:06:17:620	00JPT001JC_C	PUMP 1　CONTACTOR	on
2017-01-06 18:52:46:240	00JPT001JC_C	PUMP 1　CONTACTOR	off
2017-01-06 21:08:38:520	00JPT001JC_C	PUMP 1　CONTACTOR	on
2017-01-07 03:21:02:660	00JPT001JC_C	PUMP 1　CONTACTOR	off
2017-01-07 05:52:05:060	00JPT001JC_C	PUMP 1　CONTACTOR	on
2017-01-07 11:28:55:320	00JPT001JC_C	PUMP 1　CONTACTOR	off
2017-01-07 13:58:20:780	00JPT001JC_C	PUMP 1　CONTACTOR	on
2017-01-07 21:03:52:760	00JPT001JC_C	PUMP 1　CONTACTOR	off
2017-01-07 23:17:04:880	00JPT001JC_C	PUMP 1　CONTACTOR	on
2017-01-08 05:32:29:680	00JPT001JC_C	PUMP 1　CONTACTOR	off
2017-01-08 07:58:56:160	00JPT001JC_C	PUMP 1　CONTACTOR	on
2017-01-08 16:02:11:920	00JPT001JC_C	PUMP 1　CONTACTOR	off
2017-01-08 18:23:56:700	00JPT001JC_C	PUMP 1　CONTACTOR	on
2017-01-08 18:24:31:600	00JPT001JC_C	PUMP 1　CONTACTOR	off

续表

时间	设备描述 1	设备描述 2	状态
2017-01-08 18:24:31:780	00JPT002JC_C	PUMP 2　CONTACTOR	on
2017-01-09 00:07:04:540	00JPT002JC_C	PUMP 2　CONTACTOR	off
2017-01-09 02:27:45:580	00JPT002JC_C	PUMP 2　CONTACTOR	on
2017-01-09 07:25:28:780	00JPT002JC_C	PUMP 2　CONTACTOR	off
2017-01-09 09:40:11:080	00JPT002JC_C	PUMP 2　CONTACTOR	on
2017-01-09 13:39:21:820	00JPT002JC_C	PUMP 2　CONTACTOR	off
2017-01-09 16:40:10:640	00JPT002JC_C	PUMP 2　CONTACTOR	on
2017-01-09 20:13:40:680	00JPT002JC_C	PUMP 2　CONTACTOR	off
2017-01-09 22:57:57:040	00JPT002JC_C	PUMP 2　CONTACTOR	on
2017-01-10 03:09:17:540	00JPT002JC_C	PUMP 2　CONTACTOR	off
2017-01-10 06:30:21:440	00JPT002JC_C	PUMP 2　CONTACTOR	on
2017-01-10 10:55:53:480	00JPT002JC_C	PUMP 2　CONTACTOR	off
2017-01-10 13:19:55:000	00JPT002JC_C	PUMP 2　CONTACTOR	on
2017-01-10 17:23:16:140	00JPT002JC_C	PUMP 2　CONTACTOR	off

（2）计算开关量记录 V_1 中消防水泵的运行时间 T（见表 5-2）。

表 5-2　　消防水泵的运行时间 T

时间	设备描述 1	设备描述 2	状态	时间 T（min）
2017-1-4 10:07	00JPT002JC_C	PUMP 2　CONTACTOR	on	
2017-1-4 12:07	00JPT002JC_C	PUMP 2　CONTACTOR	off	120.00
2017-1-4 15:41	00JPT002JC_C	PUMP 2　CONTACTOR	on	
2017-1-4 16:28	00JPT002JC_C	PUMP 2　CONTACTOR	off	47.00
2017-1-4 16:28	00JPT001JC_C	PUMP 1　CONTACTOR	on	
2017-1-4 22:56	00JPT001JC_C	PUMP 1　CONTACTOR	off	388.00
2017-1-5 1:17	00JPT001JC_C	PUMP 1　CONTACTOR	on	
2017-1-5 8:43	00JPT001JC_C	PUMP 1　CONTACTOR	off	446.00

续表

时间	设备描述 1	设备描述 2	状态	时间 T（min）
2017-1-5 10:55	00JPT001JC_C	PUMP 1　CONTACTOR	on	
2017-1-5 18:14	00JPT001JC_C	PUMP 1　CONTACTOR	off	439.00
2017-1-5 20:33	00JPT001JC_C	PUMP 1　CONTACTOR	on	
2017-1-6 0:48	00JPT001JC_C	PUMP 1　CONTACTOR	off	255.00
2017-1-6 6:21	00JPT001JC_C	PUMP 1　CONTACTOR	on	
2017-1-6 9:01	00JPT001JC_C	PUMP 1　CONTACTOR	off	160.00
2017-1-6 11:06	00JPT001JC_C	PUMP 1　CONTACTOR	on	
2017-1-6 18:52	00JPT001JC_C	PUMP 1　CONTACTOR	off	466.00
2017-1-6 21:08	00JPT001JC_C	PUMP 1　CONTACTOR	on	
2017-1-7 3:21	00JPT001JC_C	PUMP 1　CONTACTOR	off	373.00
2017-1-7 5:52	00JPT001JC_C	PUMP 1　CONTACTOR	on	
2017-1-7 11:28	00JPT001JC_C	PUMP 1　CONTACTOR	off	336.00
2017-1-7 13:58	00JPT001JC_C	PUMP 1　CONTACTOR	on	
2017-1-7 21:03	00JPT001JC_C	PUMP 1　CONTACTOR	off	425.00
2017-1-7 23:17	00JPT001JC_C	PUMP 1　CONTACTOR	on	
2017-1-8 5:32	00JPT001JC_C	PUMP 1　CONTACTOR	off	375.00
2017-1-8 7:58	00JPT001JC_C	PUMP 1　CONTACTOR	on	
2017-1-8 16:02	00JPT001JC_C	PUMP 1　CONTACTOR	off	484.00
2017-1-8 18:23	00JPT001JC_C	PUMP 1　CONTACTOR	on	
2017-1-8 18:24	00JPT001JC_C	PUMP 1　CONTACTOR	off	1.00
2017-1-8 18:24	00JPT002JC_C	PUMP 2　CONTACTOR	on	
2017-1-9 0:07	00JPT002JC_C	PUMP 2　CONTACTOR	off	343.00
2017-1-9 2:27	00JPT002JC_C	PUMP 2　CONTACTOR	on	
2017-1-9 7:25	00JPT002JC_C	PUMP 2　CONTACTOR	off	298.00
2017-1-9 9:40	00JPT002JC_C	PUMP 2　CONTACTOR	on	
2017-1-9 13:39	00JPT002JC_C	PUMP 2　CONTACTOR	off	239.00

续表

时间	设备描述 1	设备描述 2	状态	时间 T（min）
2017-1-9 16:40	00JPT002JC_C	PUMP 2　CONTACTOR	on	
2017-1-9 20:13	00JPT002JC_C	PUMP 2　CONTACTOR	off	213.00
2017-1-9 22:57	00JPT002JC_C	PUMP 2　CONTACTOR	on	
2017-1-10 3:09	00JPT002JC_C	PUMP 2　CONTACTOR	off	252.00
2017-1-10 6:30	00JPT002JC_C	PUMP 2　CONTACTOR	on	
2017-1-10 10:55	00JPT002JC_C	PUMP 2　CONTACTOR	off	265.00
2017-1-10 13:19	00JPT002JC_C	PUMP 2　CONTACTOR	on	
2017-1-10 17:23	00JPT002JC_C	PUMP 2　CONTACTOR	off	244.00

（3）计算运行时间 T 中的消防水泵的启动次数 Q_1、总运行时间 T_1、平均运行时间 t_1（见表 5-3）。

表 5-3　　启动次数 / 总运行时间 / 平均运行时间

统计内容	本次统计情况
启动次数 Q_1（次）	21
总运行时间 T_1（min）	6169
平均运行时间 t_1（min）	294

（4）与前一统计周期2016年12月28日00:00至2017年01月04日00:00消防水系统消防水泵的启动次数 Q_0、总运行时间 T_0、平均运行时间 t_0 进行比较（见表 5-4）：

计算启动次数 Q 同比增幅＝（Q_1-Q_0）/Q_0＝0.105263158，小于阈值 δ_1＝0.4；

计算总运行时间 T_1 同比增幅＝（T_1-T_0）/T_0＝1.398522551，大于阈值 δ_2＝0.3，达到消防水泵维修标准；

计算平均运行时间 t_1 同比增幅＝（t_1-t_0）/t_0＝1.170091831，大于阈值 δ_3＝0.4，达到消防水系统的蓄水装置及其管路检查维修标准；

计算平均运行时间 t_1＝294min，大于阈值 δ_0＝270min，达到消防水系统的蓄水装置及其管路检查维修标准。

表 5-4　　　　　　　　与前一周期同比增幅

统计内容	本次统计情况	前一统计周期	同比增幅	阈值
启动次数（次）	21	19	0.105263158	$\delta_1=0.4$
总运行时间（min）	6169	2572	1.398522551	$\delta_2=0.3$
平均运行时间（min）	294	135	1.170091831	$\delta_3=0.4$

设备检查维修：

1）消防水泵电动机检查维修正常。

2）消防系统蓄水装置和管路检查维修正常。

3）消防系统阀门检查维修时发现：根据以上消防水系统运行效率及漏水缺陷状态检修方法发现从 2017 年 01 月 04 日开始，某蓄能水电厂的 A 厂消防水泵平均运行时间和总运行时间相比之前都有突变的现象。在 2017 年 01 月中旬对 A 厂消防水系统的常闭阀门检查维修，发现 A 厂消防水供水用户 SFC 系统供水电动阀 020VE 未完全关闭到位导致管路大量串水，故障后果是消防水池的用水量增加，导致消防水泵启动运行时间过长。

a．故障原因分析：

（a）可能原因 1：SFC 供水电动阀 020VE 的关闭行程节点存在漂移，导致阀门没有关闭到位。

（b）可能原因 2：SFC 供水电动阀 020VE 的阀体故障，存在泄漏。

b．原因排除情况：

（a）原因 1 是/否排除：否。通过调节阀门的传感器位置节点，阀门关闭到位，管路没有过水的声音。

（b）原因 2 是/否排除：是。通过调节阀门的传感器位置节点，阀门关闭到位，管路没有过水的声音，故可排除阀体故障的可能性。

根据现场故障原因分析排查，确认故障最终原因：SFC 供水电动阀 020VE 的传感器位置节点存在漂移，导致阀门没有关闭到位。

c．故障处理过程：现地调节 SFC 供水电动阀 020VE 的传感器位置节点，进行电动分合，阀门可关闭到位，管路没有过水的声音。

d．结论：可见，本方法通过快速获取消防水系统消防水泵统计周期内的启动次数、总运行时间、平均运行时间、为运维人员辨识消防水泵运行效率下降、消防水系统漏水等隐性缺陷、缺陷跟踪、提前消缺工作提供技术支持。

5.4 本章小结

本章以消防水泵及其系统为例介绍运行效率及渗漏缺陷状态检修方法。可从指定统计周期内指定消防水系统消防水泵的开关量记录中快速辨识消防水泵运行效率下降、消防水系统漏水等隐性缺陷。具体步骤如下：首先采集指定统计周期内指定消防水系统消防水泵的开关量记录，剔除定检期间的开关量记录和重复出现的开关量记录后。接着计算消防水泵的运行时间。然后计算统计周期内消防水系统消防水泵的启动次数、总运行时间、平均运行时间，最后与前一统计周期的数值进行比较，若启动次数同比增幅大于阈值 δ_0，或平均运行时间同比增幅大于阈值 δ_1，则对消防水泵进行检查维修；若总运行时间同比增幅大于阈值 δ_3，则对消防水系统的蓄水装置及其管路进行检查维修。

第6章

机组调相工况压水保持能力的状态检修方法

6.1 机组调相工况压水保持性能

机组泵工况启动或调相运行时，由于转轮在空气中转动所消耗的功率约为在水中的 1/10，因此，需要用压缩空气将转轮室内的水压至离转轮底部约 1.25m 处，使转轮在脱水状态下转动，以减小机组的启动力矩和功率损耗。

转轮室内的水被高压气体压至转轮以下后，机组在流道中形成了的局部充气的空间。来自上下迷宫环的冷却水和蜗壳内经导叶端面间隙漏至转轮室的水将会堆积在转轮与活动导叶之间，并在转轮旋转离心力的作用下形成水环。

水环需调节至合适的厚度，过厚会与转轮叶片碰撞，增加调相或水泵启动时的有功功率，过薄则达不到冷却转轮的目的。因此，保持转轮室内空气压力与其周围水压的相对平衡，即机组的压水保持性能，显得十分关键。

通常机组专设有储气罐作为机组的压水气源，并由高压气系统进行供气。机组压水保持期间，水位信号取自尾水管上的水位传感器。而维持转轮脱水水位的补气功能则由自动补气电磁阀来实现。由于机组转轮压水后转轮室内的充气空间需维持在一定容积范围内，因此可通过压水保持电磁阀的动作频次以及补气时间来研究机组的压水保持能力。

机组压水保持自动补气电磁阀开启时开始补气，自动补气电磁阀关闭时终止补气，自动补气电磁阀从开启到关闭为一个补气周期，故可从开关量记录上选取压水保持自动补气电磁阀的开启及关闭的信号来分析机组的压水性能。

压水保持因子 ρ 是指定月、周等周期内自动补气电磁阀 t 的时间数值和与 CP 工况运行时间数值和的比值。不难发现 ρ 的物理意义为，同一类型机组 CP 工况运行时间相同的情况下，补气时间越短，则机组压水部件整体的漏气漏水的隐形缺陷越少。即该指标出现大波动或突增时，可甄别出机组 CP 工况运行异常。

由此不难发现，通过分析机组的压水保持性能，不仅可以及时发现机组的隐形缺陷，在缺陷暴露前实现消缺，还可以根据机组压水保持性能的优劣，合理安排机组调相工况的优先权。如此，无疑可为电厂的安全生产提供了重要技术保障。

6.2 机组调相工况下压水保持能力的状态检修方法

本方法的目的在于提供一种机组调相工况下压水保持能力的状态检修方法，用于获知机组的压水保持能力，并根据机组压水保持能力提供状态检修和运行策略。

机组调相工况下压水保持能力的状态检修方法，步骤如下：

（1）采集反映机组自动补气电磁阀开启、关闭的开关量记录 V_1，从 V_1 中剔除机组检修期间的开关量记录 V_m，并找出机组调相工况并网后的自动补气记录 V_2。

（2）通过自动补气记录 V_2，计算补气电磁阀的自动补气时间 T_1 及其概率分布 f_1。

（3）计算各周期下补气时间的平均值 T_{av}、均方差 T_{var}，若补气时间的平均值 T_{av} 或均方差 T_{var} 大于同型号机组的 20%，或超过前三个周期的平均值 T_{av} 或均方差 T_{var} 的 20%时，对机组压水保持设备进行检修维护。

（4）计算反映补气效率的保持因子 N_{sav}，控制因子 N_{sav} 数值小的机组保持优先启动调相运行，控制因子 N_{sav} 数值大的机组保持优先停机或优先转泵工况运行。

上述方法中，所述设备是指正常处于备用状态，可随时启动且可通过信号送出开关量记录下此时的时刻和 “on”状态，也可随时停下且通过信号送出开关量记录下此时的时刻和 “off”状态的设备。

开关量包含两种状态记录，分别是代表“on”的“1”状态记录和代表“off”的“0”状态记录。开关量记录则至少包含三个记录内容，分别是精确至毫秒的时间记录、状态记录、设备描述。

a．进一步的，自动补气时间 T_1 用以下步骤获得：

（a）从自动补气记录 V_2 中找出“on”状态记录 V_{2on} 和“off”状态记录 V_{2off}，并数出记录 V_{2on} 的条数 n_{2on} 和记录 V_{2off} 的条数 n_{2off}。

（b）将 1～n_{2on} 作为记录 V_{2on} 的序号，将 1～n_{2off} 作为记录 V_{2off} 的序号。

（c）将序号相同的记录 V_{2off} 和记录 V_{2on} 中的时间记录两两作差后获得的差值即为自动补气时间 T_1。

b．进一步的，概率分布 f_1 由以下步骤获得：

（a）将自动补气时间 T_1 的最大值向正方向取整后获得 max。

（b）将自动补气时间 T_1 的最小值向负方向取整后获得 min。

（c）默认设自动补气时间公差 rati 为 1，若（max-min）/rati 大于 100，则 rati 改为（max-min）/100；若（max-min）/rati 小于 4，则 rati 改为（max-min）/20；若（max-min）/rati 的值既不大于 100，也不小于 4，则 rati 取默认值 1。

（d）以 min 为最小值，max 为最大值，rati 为公差，获得数列 x 和数列 x 的个数 lengthx。

（e）将自动补气时间 T_1 按数值大小，由小至大进行排序，获得数列 TT_1、数列 TT_1 的个数 m 和数列 TT_1 各数在数列 T_1 中的序号。

（f）设 $i=1$，将数列 TT_1 中满足数值小于或等于 x（1）条件的数存在数组 xx（1）中，xx（1）中数的个数存在数列 y（1）中。

（g）i 的值加 1，若 i 的值不大于 lengthx，并进行第（h）步；若 i 的值大于 lengthx，则转至第（i）步。

（h）将数列 TT_1 中满足数值小于或等于 x（i）而又大于 x（i-1）条件的数存在数组 xx（i）中，xx（i）中数的个数存在数列 y（i）中，转至第（g）步。

（i）概率分布 f_1 等于数列 y 中各数与 m 的比值。

其中，保持因子 N_{sav} 是周期内补气总时长与调相工况运行总时长的比值。周期是指根据用户统计需要设置的统计周期，可为月或周。而同型号机组是指工作原理、设备结构一致的机组。检修维护，则是指对机组导叶轴套、自动补气电磁阀、水位传感器进行检查维护。

与现有技术相比，本方法填补了工程界的空白，具有以下优点：

（1）本方法能快速从指定历史时期内大量的机组自动补气记录中，获知机组的压水保持性能及其变化趋势。

（2）本方法通过分析机组的压水保持性能为及时发现导叶轴套、自动补气电磁阀、水位传感器的设备缺陷提供线索。

（3）本方法提出的保持因子也为机组调相工况、停机、转泵工况等运行优先权设置提供了有力判据。

6.3 机组调相工况压水保持性能评估实例

以下对某蓄能水电厂 2014 年 1 月 1 日至 12 月 31 日 5～8 号机的开关量记录进行实例分析。

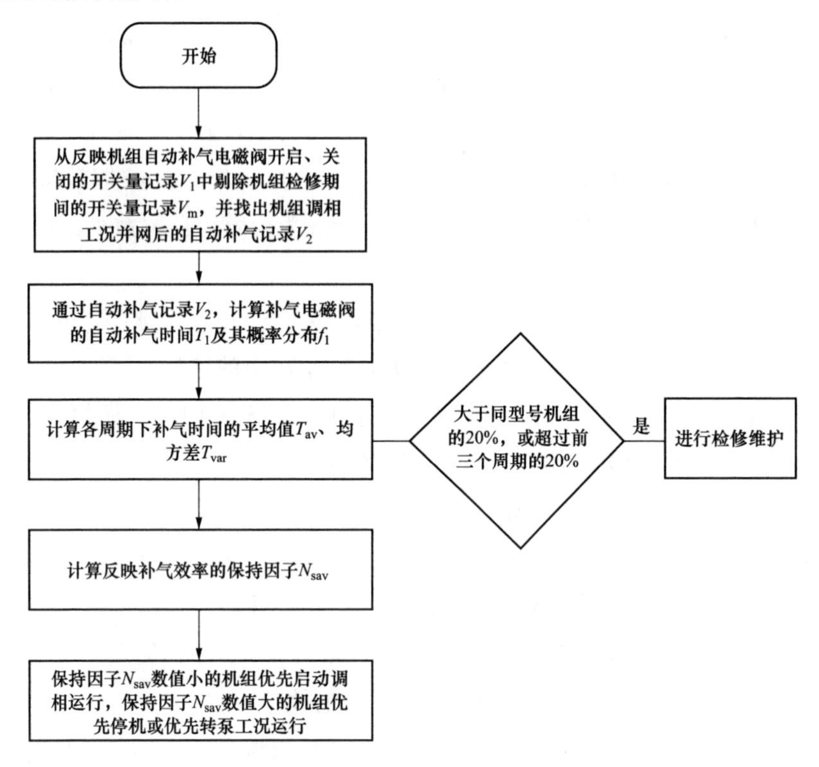

图 6-1　机组调相工况下压水保持能力的状态检修方法流程图

结合图 6-1 流程，机组调相工况下压水保持能力的状态检修方法包括以下步骤：

（1）从电厂主计算机事件记录模块中导出，2014 年 1 月 1 日至 12 月 31 日期间，5～8 号机组自动补气电磁阀开启/关闭的开关量记录 V_1，从 V_1 中剔除机组检修期间的开关量记录 V_m，并找出机组调相工况并网后的自动补气记录 V_2。

（2）通过自动补气记录 V_2，计算补气电磁阀的自动补气时长 T_1 及其概率分布 f_1，5～8 号机自动补气时长概率分布 f_1，如图 6-2～图 6-5 所示。

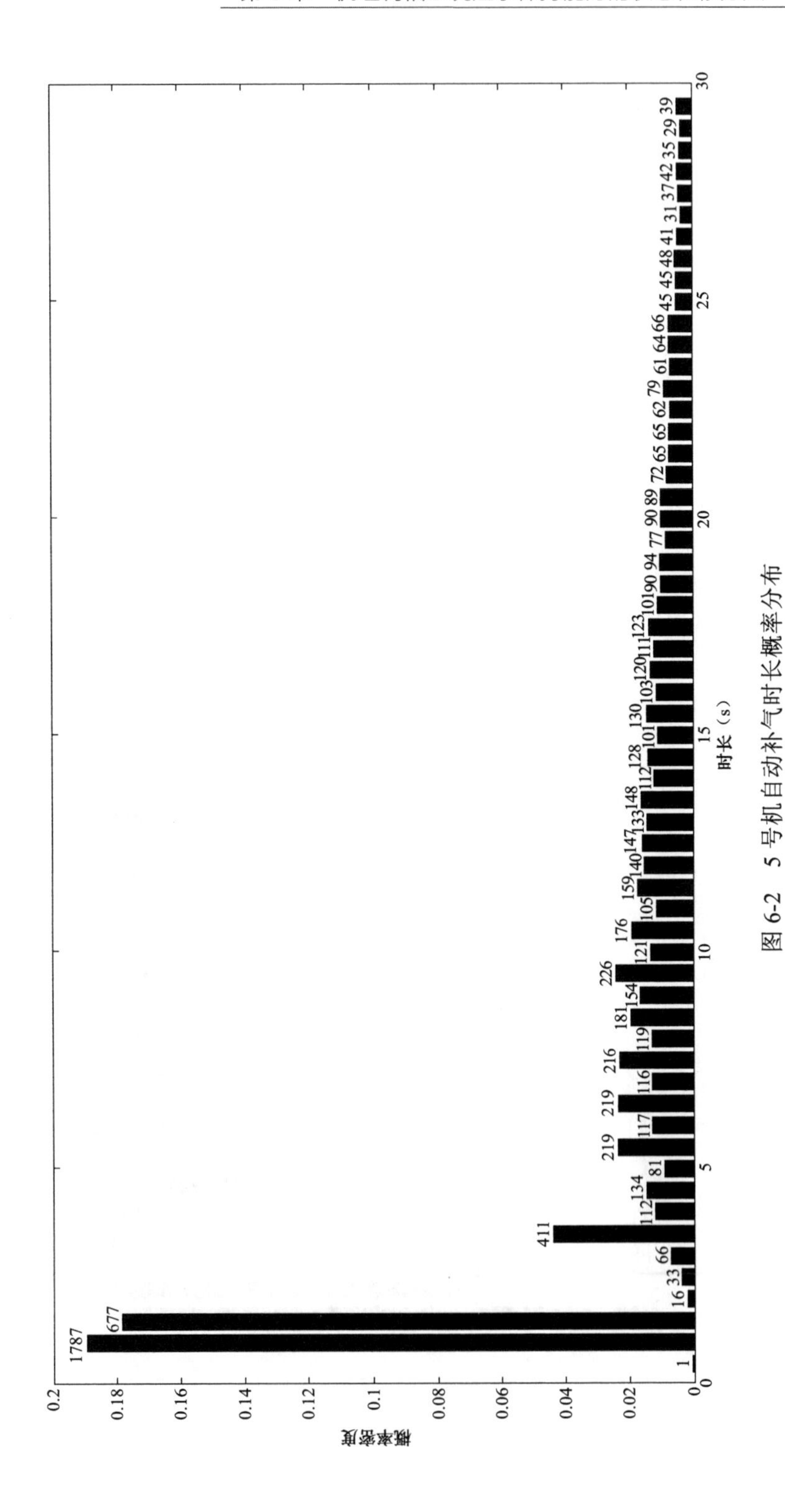

图 6-2　5 号机自动补气时长概率分布

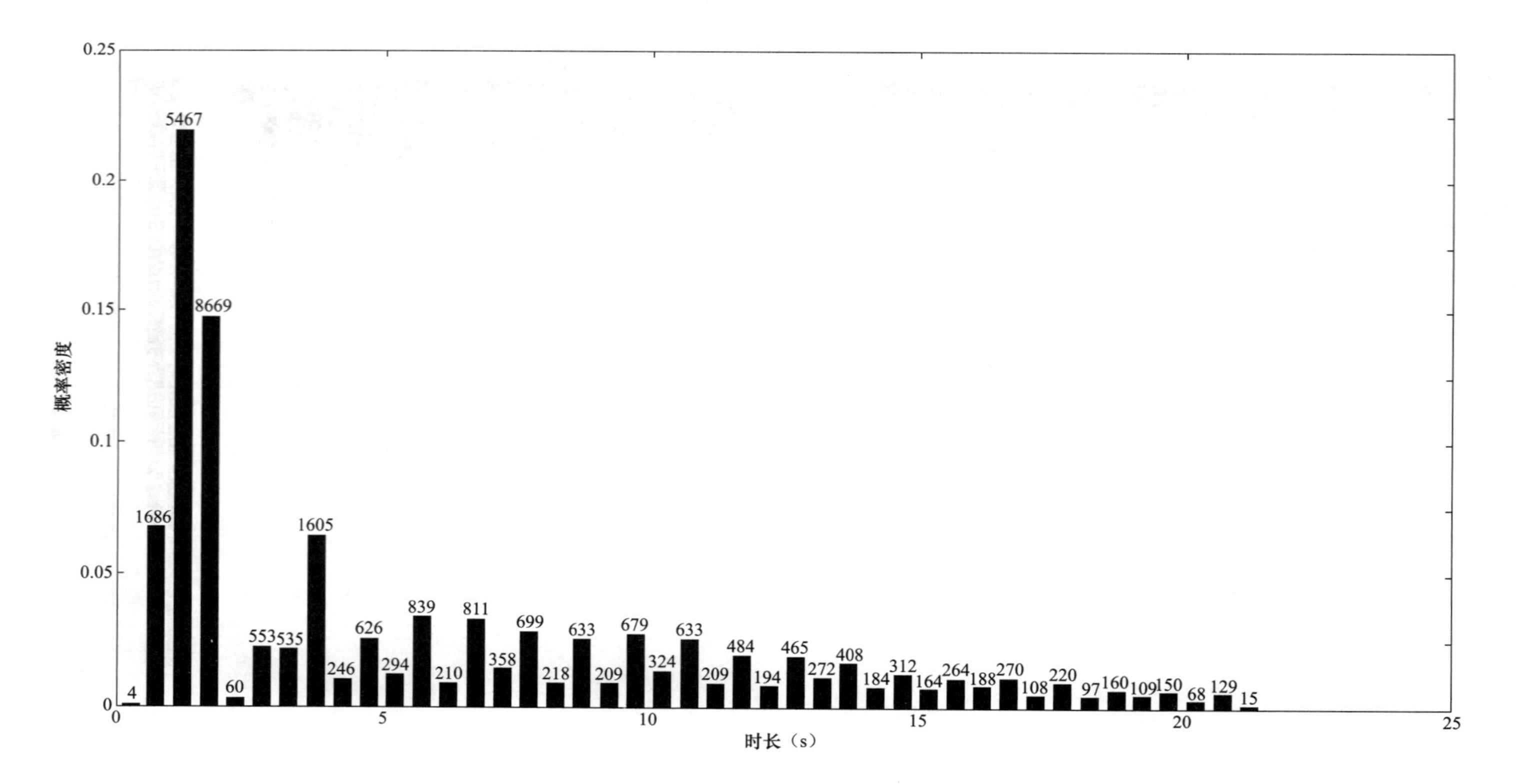

图 6-3　6 号机自动补气时长概率分布

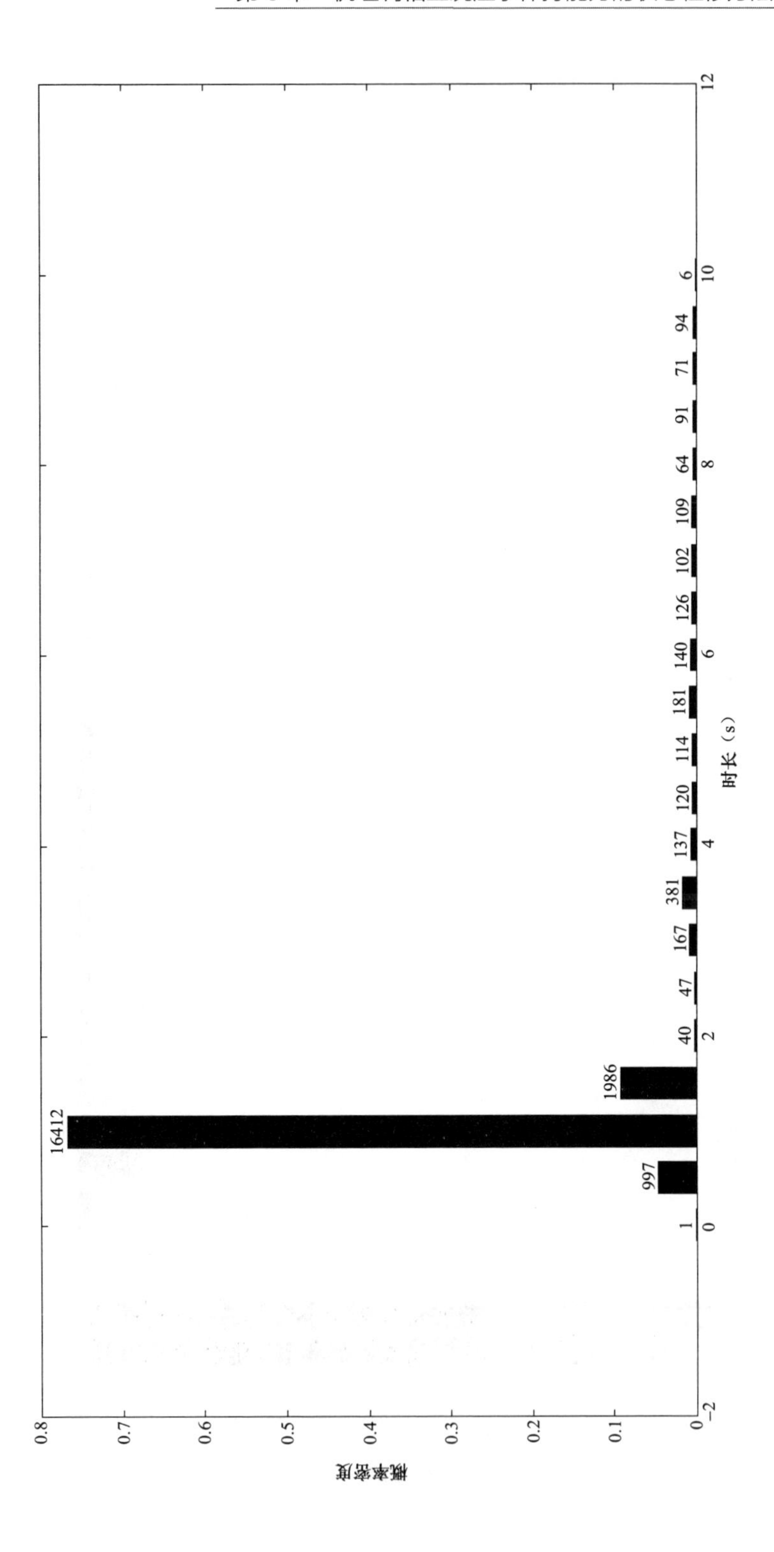

图 6-4　7 号机自动补气时长概率分布

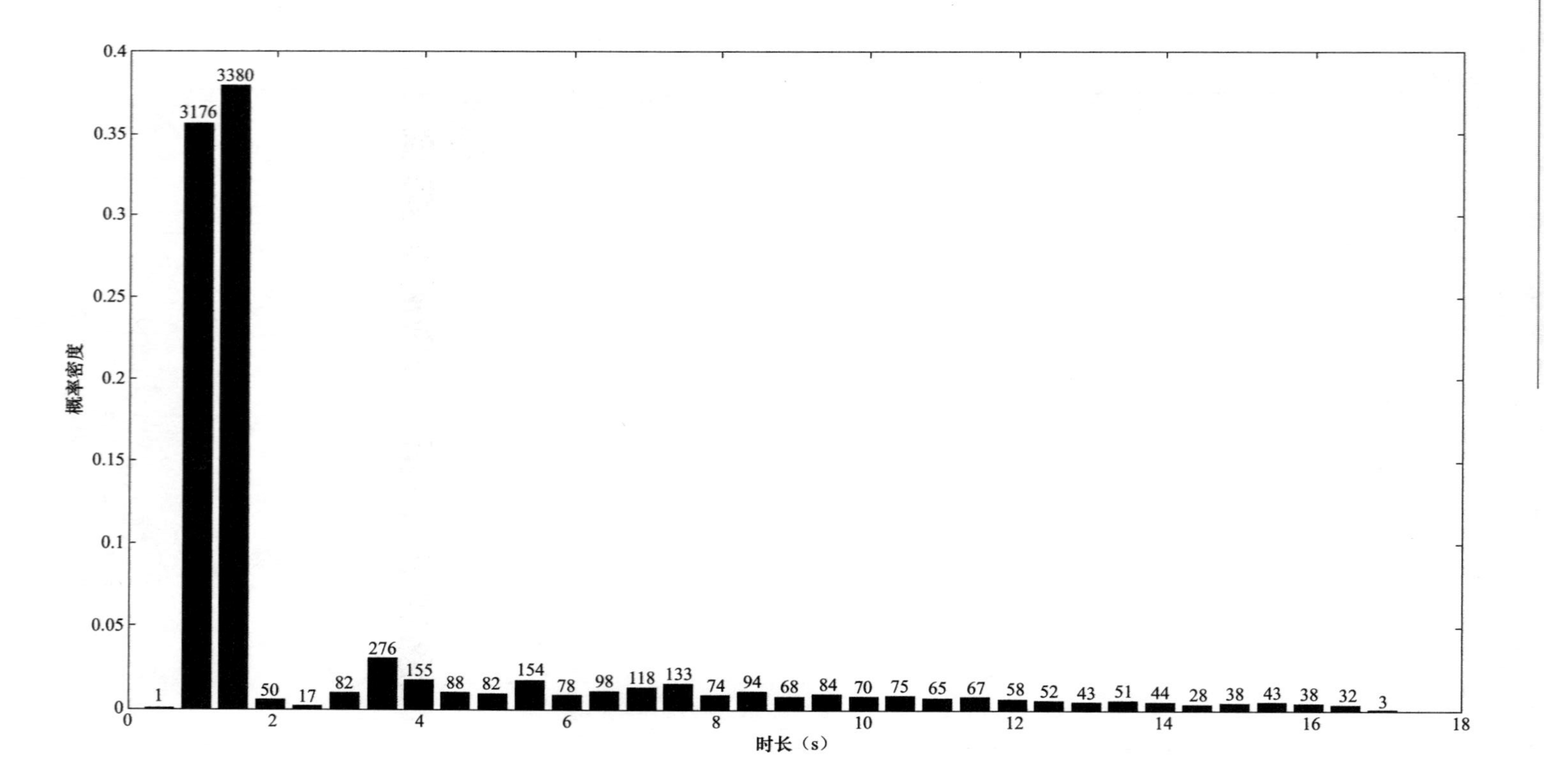

图 6-5　8 号机自动补气时长概率分布

（3）计算 5～8 号机 1～12 月自动补气的平均时长 T_{av}、自动补气时长的均方差值 T_{var}，如图 6-6、图 6-7 所示，5、6、8 号的自动补气的平均时长 T_{av}、自动补气时长的均方差值 T_{var} 均大于 7 号机同期值的 20%，此外 5 号机的自动补气的平均时长 T_{av}、自动补气时长的均方差值 T_{var} 超过前三个月的 20%，因此需对 5、6、8 号机的导叶轴套、自动补气电磁阀、水位传感器进行检查维护，并优先对 5 号机进行检查维护。

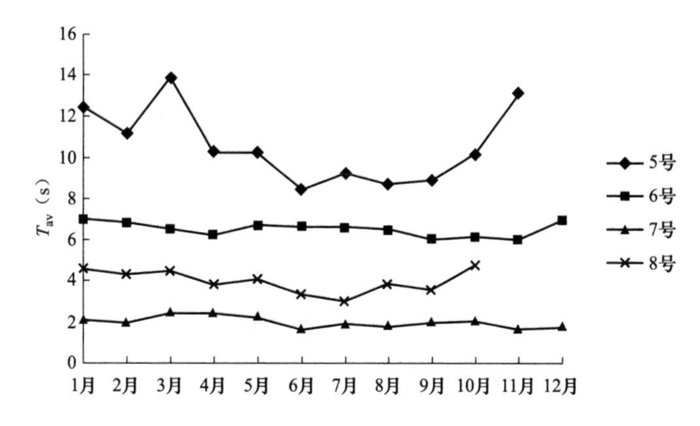

图 6-6　5～8 号机 1～12 月自动补气的平均时长

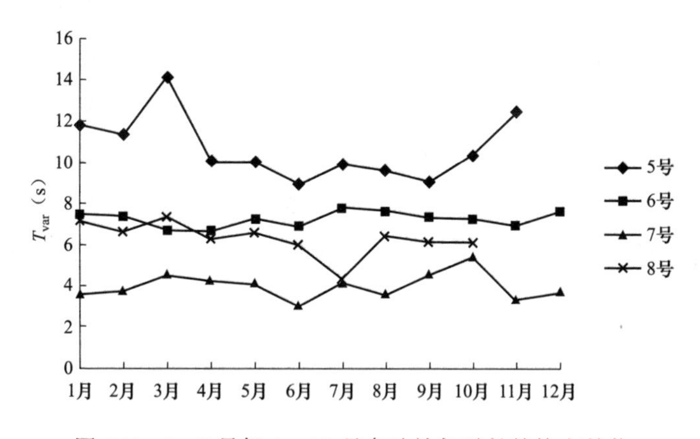

图 6-7　5～8 号机 1～12 月自动补气时长的均方差值

（4）计算 5～8 号机 1～12 月的保持因子 N_{sav}，如图 6-8 所示，保持因子 N_{sav} 由小至大排序为 7 号机＜8 号机＜5 号机＜6 号机，优先控制启动 7 号机、8 号机调相运行，5 号机、6 号机优先控制停机或优先转泵工况运行。

可见，本方法通过分析自动补气电磁阀动作频次，获知机组的压水保持能力，并根据机组压水保持能力提供状态检修和运行控制。

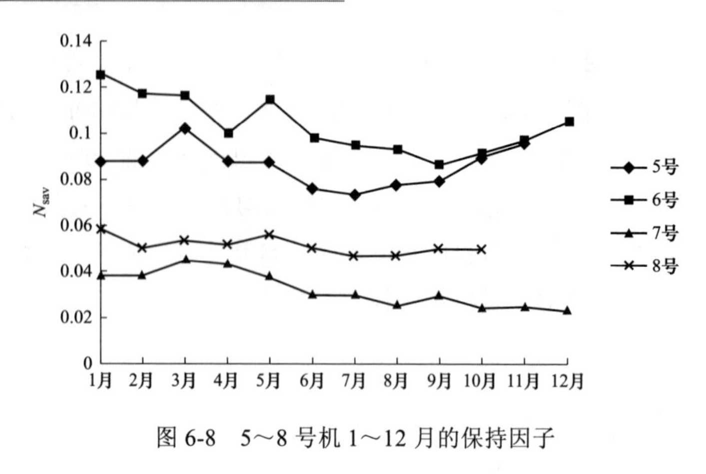

图 6-8　5～8 号机 1～12 月的保持因子

6.4　本章小结

本章提供了机组调相工况下压水保持能力的状态检修方法。该方法通过分析自动补气电磁阀动作频次，获知机组的压水保持能力，并根据机组压水保持能力提供状态检修和运行策略。该方法具体步骤如下：首先从反映机组自动补气电磁阀开启、关闭的开关量记录中剔除机组检修期间的开关量记录，并找出机组调相工况并网后的自动补气记录；接着计算补气电磁阀的补气时间及其概率分布；然后计算各周期下补气时间的平均值、均方差，若补气时间的平均值或均方差大于同型号机组的20%时，对机组压水保持设备进行检修维护；最后计算反映补气效率的保持因子，保持因子数值小的机组优先启动调相运行，保持因子数值大的机组优先停机或优先转泵工况运行。

第7章

不同步动作缺陷快速甄别方法

7.1 不同步动作缺陷的表征

本章介绍不同步动作缺陷快速甄别方法。为具体介绍本技术方法，特以发电厂机械刹车为例进行介绍。即本方法从指定历史时期内指定设备机械刹车爪的开关量记录中快速获取机械刹车爪不同动作的间隔时间差，为甄别机械刹车爪不同步动作缺陷提供重要的技术支持。

记录机械刹车爪动作的开关量记录数据较为庞大。过去由于缺乏有效的纠错方法，多采用随机选点和等采样周期选点的办法来遴选其中的数据“代表”进行分析。如此，使得所得分析结果不具全面性，分析结果的工程技术意义不强。

记录机械刹车爪动作的开关量记录存在较多因设备检修造成的异常开关量记录。同时，投入与退出状态下的开关量记录需分开分别进行分析，才能获得两种状态下的不同步动作情况。使得极难对记录机械刹车爪动作的开关量记录进行批量分析。给运行人员快速甄别机械刹车爪不同步动作缺陷带来极大困难。

本章结合工程经验，全面考虑记录机械刹车爪动作的开关量记录的特性，对过去的人工处理工作进行标准化，并交给计算机完成，使得长期依赖于人工处理的繁琐工作实现自动检测和控制。本方法为运维人员辨识设备机械刹车爪等设备的不同步动作现象，缺陷定位、缺陷跟踪、提前消缺工作提供技术支持。

7.2 机械刹车爪不同步动作缺陷快速甄别方法

本方法的目的在于提供机械刹车爪不同步动作缺陷快速甄别方法，从指定历史时期内指定设备机械刹车爪的开关量记录中快速获取机械刹车爪不同动作的间隔时间差，为运维人员辨识设备机械刹车爪不同步动作现象，缺陷定位、缺陷跟踪、提前消缺工作提供技术支持。

机械刹车爪不同步动作缺陷快速甄别方法，步骤如下：

（1）采集指定历史时期内指定设备机械刹车爪的开关量记录 V_0，对开关量记录 V_0 按时间记录先后顺序排序并取不重复的开关量记录，获得开关量记录 V_1。

（2）根据设备检修记录 M，从开关量记录 V_1 中筛选出设备处于运行时段的开关量记录 V_2，计算开关量记录 V_2 中的投入机械刹车爪的间隔时间 T_{2on} 和退出机械刹车爪的间隔时间 T_{2off}。

（3）用 T_{2on} 中数值最大的间隔时间 T_{2onmax} 与阈值 δ_{on} 进行比较，若 T_{2onmax} 大于阈值 δ_{on} 时，则对设备机械刹车爪的投入系统进行检查维修，若 T_{2onmax} 不大于阈值 δ_{on} 时，则无需对设备机械刹车爪进行检查维修。

（4）用 T_{2off} 中数值最大的间隔时间 $T_{2offmax}$ 与阈值 δ_{off} 进行比较，若 $T_{2offmax}$ 大于阈值 δ_{off} 时，则对设备机械刹车爪的退出系统进行检查维修，若 $T_{2offmax}$ 不大于阈值 δ_{off} 时，则无需对设备机械刹车爪进行检查维修。

上述方法中，所述设备机械刹车爪是指正常情况处于运行状态时，能随时投入机械刹车爪且通过送出开关量，记录下此时的时刻和机械刹车爪的投入状态，也能随时退出机械刹车爪且通过送出开关量，记录下此时的时刻和机械刹车爪的退出状态。

其中开关量包含两种状态记录，分别是代表投入状态的“1”状态记录和代表退出状态的“0”状态记录；所述开关量记录至少包含三个记录内容，分别是精确至毫秒的时间记录、状态记录、设备描述。

a．开关量记录 V_1 由以下过程获得：

（a）按时间记录由先到后的顺序，对开关量记录 V_0 进行排序，获得开关量记录 V_{01}。

（b）取开关量记录 V_{01} 中时间记录不重复的开关量记录，组成开关量记

录 V_1。

b．设备检修记录 M 由检修工作的开始时刻和检修工作的结束时刻组成。

c．投入机械刹车爪的间隔时间 T_{2on} 和退出机械刹车爪的间隔时间 T_{2off} 由以下步骤获得：

（a）设 $i=1$，获取设备检修工作开始和结束时刻的组数 n_m，若 n_m 的数值不为 0，则进行第（b）步，若 n_m 的数值为 0，则开关量记录 V_1 与开关量记录 V_2 为同一记录，开关量记录 V_2 中状态记录为投入状态的开关量记录为 V_{2oni}，开关量记录 V_2 中状态记录为退出状态的开关量记录为 V_{2offi}，并进行第（o）步。

（b）从开关量记录 V_1 中获得状态记录为投入状态且时间记录早于第 i 组设备检修开始时刻的开关量记录 V_{2oni}。

（c）从开关量记录 V_1 中获得状态记录为退出状态且时间记录早于第 i 组设备检修开始时刻的开关量记录 V_{2offi}。

（d）若开关量记录 V_{2oni} 的条数大于 1，则将开关量记录 V_{2oni} 中序号为 $1\sim n_{2oni}-1$ 的记录作为一组 V_{2oni1}，将记录 V_{2oni} 中序号为 $2\sim n_{2oni}$ 的记录作为另一组 V_{2oni2}；将记录 V_{2oni2} 和记录 V_{2oni1} 中序号相同的时间记录作差后获得的差值即为处于运行状态时段 i 投入机械刹车爪的间隔时间 T_{2oni}，若开关量记录 V_{2oni} 的条数不大于 1，则处于运行状态时段 i 投入机械刹车爪的间隔时间 T_{2oni} 为空数组。

（e）若开关量记录 V_{2offi} 的条数大于 1，则将开关量记录 V_{2offi} 中序号为 $1\sim n_{2offi}-1$ 的记录作为一组 V_{2offi1}，将记录 V_{2offi} 中序号为 $2\sim n_{2offi}$ 的记录作为另一组 V_{2offi2}；将记录 V_{2offi2} 和记录 V_{2offi1} 中序号相同的时间记录作差后获得的差值即为处于运行状态时段 i 退出机械刹车爪的间隔时间 T_{2offi}，若开关量记录 V_{2offi} 的条数不大于 1，则处于运行状态时段 i 退出机械刹车爪的间隔时间 T_{2offi} 为空数组。

（f）i 的值加 1。

（g）若 $n_m>1$ 且 $i\leqslant n_m$，则进行第（h）步，否则进行第（m）步。

（h）从开关量记录 V_1 中获得状态记录为投入状态，时间记录晚于第 i-1 组设备检修结束时刻，且时间记录早于第 i 组设备检修开始时刻的开关量记录 V_{2oni}。

（i）从开关量记录 V_1 中获得状态记录为退出状态，时间记录晚于第 i-1

组设备检修结束时刻，且时间记录早于第 i 组设备检修开始时刻的开关量记录 V_{2offi}。

（j）若开关量记录 V_{2oni} 的条数大于 1，则将开关量记录 V_{2oni} 中序号为 $1 \sim n_{2oni}-1$ 的记录作为一组 V_{2oni1}，将记录 V_{2oni} 中序号为 $2 \sim n_{2oni}$ 的记录作为另一组 V_{2oni2}；将记录 V_{2oni2} 和记录 V_{2oni1} 中序号相同的时间记录作差后获得的差值即为处于运行状态时段 i 投入机械刹车爪的间隔时间 T_{2oni}，若开关量记录 V_{2oni} 的条数不大于 1，则处于运行状态时段 i 投入机械刹车爪的间隔时间 T_{2oni} 为空数组。

（k）若开关量记录 V_{2offi} 的条数大于 1，则将开关量记录 V_{2offi} 中序号为 $1 \sim n_{2offi}$-1 的记录作为一组 V_{2offi1}，将记录 V_{2offi} 中序号为 $2 \sim n_{2offi}$ 的记录作为另一组 V_{2offi2}；将记录 V_{2offi2} 和记录 V_{2offi1} 中序号相同的时间记录作差后获得的差值即为处于运行状态时段 i 退出机械刹车爪的间隔时间 T_{2offi}，若开关量记录 V_{2offi} 的条数不大于 1，则处于运行状态时段 i 退出机械刹车爪的间隔时间 T_{2offi} 为空数组。

（l）i 的值加 1，并转至第（g）步。

（m）从开关量记录 V_1 中获得状态记录为投入状态，时间记录晚于第 n_m 组设备检修结束时刻的开关量记录 V_{2oni}。

（n）从开关量记录 V_1 中获得状态记录为退出状态，时间记录晚于第 n_m 组设备检修结束时刻的开关量记录 V_{2offi}。

（o）若开关量记录 V_{2oni} 的条数大于 1，则将开关量记录 V_{2oni} 中序号为 $1 \sim n_{2oni}$-1 的记录作为一组 V_{2oni1}，将记录 V_{2oni} 中序号为 $2 \sim n_{2oni}$ 的记录作为另一组 V_{2oni2}；将记录 V_{2oni2} 和记录 V_{2oni1} 中序号相同的时间记录作差后获得的差值即为处于运行状态时段 i 投入机械刹车爪的间隔时间 T_{2oni}，若开关量记录 V_{2oni} 的条数不大于 1，则处于运行状态时段 i 投入机械刹车爪的间隔时间 T_{2oni} 为空数组。

（p）若开关量记录 V_{2offi} 的条数大于 1，则将开关量记录 V_{2offi} 中序号为 $1 \sim n_{2offi}$-1 的记录作为一组 V_{2offi1}，将记录 V_{2offi} 中序号为 $2 \sim n_{2offi}$ 的记录作为另一组 V_{2offi2}；将记录 V_{2offi2} 和记录 V_{2offi1} 中序号相同的时间记录作差后获得的差值即为处于运行状态时段 i 退出机械刹车爪的间隔时间 T_{2offi}，若开关量记录 V_{2offi} 的条数不大于 1，则处于运行状态时段 i 退出机械刹车爪的间隔时间 T_{2offi} 为空数组。

（q）各运行状态时段i的$T_{2\mathrm{on}i}$即组成投入机械刹车爪的间隔时间$TT_{2\mathrm{on}}$，各运行状态时段i的$T_{2\mathrm{off}i}$即组成退出机械刹车爪的间隔时间$TT_{2\mathrm{off}}$，其中$i \in [1, n_{\mathrm{m}}+1]$。

（r）删除投入机械刹车爪的间隔时间$TT_{2\mathrm{on}}$中数值超过经验值ω_{on}的间隔时间后获得投入机械刹车爪的间隔时间$T_{2\mathrm{on}}$，删除退出机械刹车爪的间隔时间$TT_{2\mathrm{off}}$中数值超过经验值ω_{off}的间隔时间后获得退出机械刹车爪的间隔时间$T_{2\mathrm{off}}$。

经验值ω_{on}是30s，经验值ω_{off}是30s。

阈值δ_{on}是3s，阈值δ_{off}是3s。

以上所述设备处于运行时段，投入机械刹车爪时，将有N个机械刹车爪一起投入，退出机械刹车爪时，将有N个机械刹车爪一起退出，其中N为正整数，且N大于1。

与现有技术相比，本方法填补了工程界的空白，具有以下优点和技术效果：

（1）本方法提供可以分离因设备检修造成的异常开关量记录，实现对机械刹车爪投入与退出状态下的开关量记录的分离和分别分析，并获得两种状态下机械刹车爪的不同步动作情况。

（2）使得长期依赖于人工处理的繁琐工作实现自动检测和控制，为运维人员辨识设备机械刹车爪不同步动作现象，缺陷定位、缺陷跟踪、提前消缺工作提供技术支持。

（3）本方法还可根据机械刹车爪的不同步动作的情况，快速判断设备的动力单元、控制单元、反馈单元、信号单元等是否存在缺陷，可在缺陷暴露前实现消缺。

7.3　机械刹车不同步动作状态评估实例

以下对某蓄能水电厂2018年01月27日00:00至02月04日00:00 3号机组机械刹车爪的开关量记录进行实例分析。该机械刹车在机组启动过程中投入，在机组导叶打开前退出，在机组停机过程中机组转速下降至5%额定转速时投入，并在机组完全停下后退出。

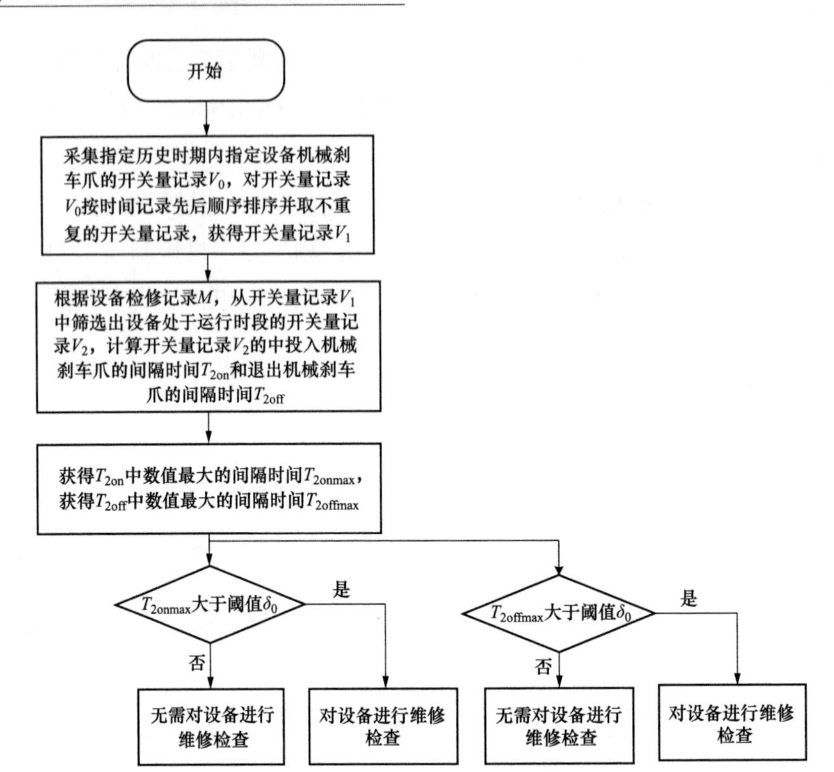

图 7-1　机械刹车爪不同步动作缺陷快速甄别方法流程图

结合图 7-1 流程，机械刹车爪不同步动作缺陷快速甄别方法包括以下步骤：

（1）采集获得表 7-1 示出的历史时段 2018 年 01 月 27 日 00:00 至 02 月 04 日 00:00 3 号机组机械刹车爪的开关量记录 V_0，对开关量记录 V_0 按时间记录先后顺序排序并剔除时间记录重复的开关量记录（即表 7-2 所示的开关量记录）后，获得开关量记录 V_1。

（2）根据表 7-3 所示设备检修记录 M，从开关量记录 V_1 中筛选出设备处于运行时段的开关量记录 V_2，计算开关量记录 V_2 中的投入机械刹车爪的间隔时间 T_{2on} 和退出机械刹车爪的间隔时间 T_{2off}。

（3）用 T_{2on} 中数值最大的间隔时间 T_{2onmax}（即 1.82s）与阈值 3s 进行比较，T_{2onmax} 不大于阈值，无需对设备机械刹车爪进行检查维修。

（4）用 T_{2off} 中数值最大的间隔时间 $T_{2offmax}$（即 2.22s）与阈值 3s 进行比较，$T_{2offmax}$ 不大于阈值，无需对设备机械刹车爪进行检查维修。

投入机械刹车爪的间隔时间 T_{2on} 和退出机械刹车爪的间隔时间 T_{2off} 由以下步骤获得：

（a）设 $i=1$，获得设备检修工作开始和结束时刻的组数 n_m 为1，则进行第（b）步。

（b）从开关量记录 V_1 中获得状态记录为投入状态且时间记录早于第1组设备检修开始时刻（即2018-01-28　14:05:00）的开关量记录 V_{2on1}。

（c）从开关量记录 V_1 中获得状态记录为退出状态且时间记录早于第 i 组设备检修开始时刻（即2018-01-28　14:05:00）的开关量记录 V_{2off1}。

（d）开关量记录 V_{2on1} 的条数为24大于1，则将开关量记录 V_{2on1} 中序号为1～n_{2on1}-1（即23）的记录作为一组 V_{2on11}，将记录 V_{2on1} 中序号为2～n_{2on1}（即24）的记录作为另一组 V_{2on12}；将记录 V_{2on12} 和记录 V_{2on11} 中序号相同的时间记录作差后获得的差值即为处于运行状态时段1投入机械刹车爪的间隔时间 T_{2on1}。

（e）开关量记录 V_{2off1} 的条数为23大于1，则将开关量记录 V_{2off1} 中序号为1～n_{2off1}-1（即22）的记录作为一组 V_{2off11}，将记录 V_{2off1} 中序号为2～n_{2off1}（即23）的记录作为另一组 V_{2off12}；将记录 V_{2off12} 和记录 V_{2off11} 中序号相同的时间记录作差后获得的差值即为处于运行状态时段1退出机械刹车爪的间隔时间 T_{2off1}。

（f）i 的值加1。

（g）由于 $n_m=1$，不满足 $n_m>1$ 且 $i\leqslant n_m$ 的条件，则进行第（h）步。

（h）从开关量记录 V_1 中获得状态记录为投入状态，时间记录晚于第1组设备检修结束时刻（即2018-01-28　18:50:00）的开关量记录 V_{2on2}。

（i）从开关量记录 V_1 中获得状态记录为退出状态，时间记录晚于第1组设备检修结束时刻（即2018-01-28　18:50:00）的开关量记录 V_{2offi}。

（j）开关量记录 V_{2on2} 的条数为135大于1，则将开关量记录 V_{2on2} 中序号为1～n_{2on2}-1（即134）的记录作为一组 V_{2on21}，将记录 V_{2on2} 中序号为2～n_{2on2}（即135）的记录作为另一组 V_{2on22}；将记录 V_{2on22} 和记录 V_{2on21} 中序号相同的时间记录作差后获得的差值即为处于运行状态时段2投入机械刹车爪的间隔时间 T_{2on2}。

（k）开关量记录 V_{2off2} 的条数为131大于1，则将开关量记录 V_{2off2} 中序号为1～n_{2offi}-1（即130）的记录作为一组 V_{2off21}，将记录 V_{2off2} 中序号为2～n_{2off2}（即131）的记录作为另一组 V_{2off22}；将记录 V_{2off22} 和记录 V_{2off21} 中序号相同的时间记录作差后获得的差值即为处于运行状态时段2退出机械刹车爪

的间隔时间 T_{2off2}。

（l）各运行状态时段 i 的 T_{2oni} 即组成投入机械刹车爪的间隔时间 TT_{2on}，各运行状态时段 i 的 T_{2offi} 即组成退出机械刹车爪的间隔时间 TT_{2off}，其中 $i \in [1, 2]$。

（m）删除投入机械刹车爪的间隔时间 TT_{2on} 中数值超过经验值 3s 的间隔时间后获得表 7-4 所示投入机械刹车爪的间隔时间 T_{2on}，删除退出机械刹车爪的间隔时间 TT_{2off} 中数值超过经验值 3s 的间隔时间后获得表 7-4 所示退出机械刹车爪的间隔时间 T_{2off}。

本方法的目的在于提供机械刹车爪不同步动作缺陷快速甄别方法，从指定历史时期内指定设备机械刹车爪的开关量记录中快速获取机械刹车爪不同动作的间隔时间差，为运维人员辨识设备机械刹车爪不同步动作现象，缺陷定位、缺陷跟踪、提前消缺工作提供技术支持。

（1）本方法提供可以分离因设备检修造成的异常开关量记录，实现对机械刹车爪投入与退出状态下的开关量记录的分离和分别分析，并获得两种状态下机械刹车爪的不同步动作情况。

（2）使得长期依赖于人工处理的繁琐工作实现自动检测和控制，为运维人员辨识设备机械刹车爪不同步动作现象，缺陷定位、缺陷跟踪、提前消缺工作提供技术支持。

（3）本方法还可根据机械刹车爪的不同步动作的情况，快速判断设备的动力单元、控制单元、反馈单元、信号单元等是否存在缺陷，可在缺陷暴露前实现消缺。

表 7-1　　开关量记录 V_0

序号	时间记录	设备描述 1	设备描述 2	状态记录
1	2018-01-27 02:20:41:960	03GTA__FA4__	GEN. BRAKE	DISAPL→APPLIED
2	2018-01-27 02:20:42:580	03GTA__FA3__	GEN. BRAKE	DISAPL→APPLIED
3	2018-01-27 02:20:43:200	03GTA__FA1__	GEN. BRAKE	DISAPL→APPLIED
4	2018-01-27 02:20:44:520	03GTA__FA2__	GEN. BRAKE	DISAPL→APPLIED
5	2018-01-27 02:22:44:080	03GTA__FA1__	GEN. BRAKE	APPLIED→DISAPL
6	2018-01-27 02:22:44:100	03GTA__FA4__	GEN. BRAKE	APPLIED→DISAPL
7	2018-01-27 02:22:46:120	03GTA__FA3__	GEN. BRAKE	APPLIED→DISAPL
8	2018-01-27 02:22:46:140	03GTA__FA2__	GEN. BRAKE	APPLIED→DISAPL

续表

序号	时间记录	设备描述 1	设备描述 2	状态记录
9	2018-01-27 08:02:49:700	03GTA__FA4__	GEN．BRAKE	DISAPL→APPLIED
10	2018-01-27 08:02:50:300	03GTA__FA3__	GEN．BRAKE	DISAPL→APPLIED
11	2018-01-27 08:02:50:860	03GTA__FA1__	GEN．BRAKE	DISAPL→APPLIED
12	2018-01-27 08:02:52:260	03GTA__FA2__	GEN．BRAKE	DISAPL→APPLIED
13	2018-01-27 08:04:21:560	03GTA__FA4__	GEN．BRAKE	APPLIED→DISAPL
14	2018-01-27 08:04:21:580	03GTA__FA1__	GEN．BRAKE	APPLIED→DISAPL
15	2018-01-27 08:04:23:480	03GTA__FA2__	GEN．BRAKE	APPLIED→DISAPL
16	2018-01-27 08:04:23:680	03GTA__FA3__	GEN．BRAKE	APPLIED→DISAPL
17	2018-01-28 01:36:12:000	03GTA__FA4__	GEN．BRAKE	DISAPL→APPLIED
18	2018-01-28 01:36:12:240	03GTA__FA1__	GEN．BRAKE	DISAPL→APPLIED
19	2018-01-28 01:36:13:500	03GTA__FA3__	GEN．BRAKE	DISAPL→APPLIED
20	2018-01-28 01:36:14:600	03GTA__FA2__	GEN．BRAKE	DISAPL→APPLIED
21	2018-01-28 01:38:12:020	03GTA__FA1__	GEN．BRAKE	APPLIED→DISAPL
22	2018-01-28 01:38:12:080	03GTA__FA4__	GEN．BRAKE	APPLIED→DISAPL
23	2018-01-28 01:38:13:860	03GTA__FA3__	GEN．BRAKE	APPLIED→DISAPL
24	2018-01-28 01:38:14:240	03GTA__FA2__	GEN．BRAKE	APPLIED→DISAPL
25	2018-01-28 06:35:39:680	03GTA__FA4__	GEN．BRAKE	DISAPL→APPLIED
26	2018-01-28 06:35:39:840	03GTA__FA1__	GEN．BRAKE	DISAPL→APPLIED
27	2018-01-28 06:35:40:560	03GTA__FA3__	GEN．BRAKE	DISAPL→APPLIED
28	2018-01-28 06:35:42:240	03GTA__FA2__	GEN．BRAKE	DISAPL→APPLIED
29	2018-01-28 06:37:10:520	03GTA__FA4__	GEN．BRAKE	APPLIED→DISAPL
30	2018-01-28 06:37:10:660	03GTA__FA1__	GEN．BRAKE	APPLIED→DISAPL
31	2018-01-28 06:37:12:600	03GTA__FA2__	GEN．BRAKE	APPLIED→DISAPL
32	2018-01-28 06:37:12:780	03GTA__FA3__	GEN．BRAKE	APPLIED→DISAPL
33	2018-01-28 10:59:32:080	03GTA__FA4__	GEN．BRAKE	DISAPL→APPLIED
34	2018-01-28 10:59:32:740	03GTA__FA3__	GEN．BRAKE	DISAPL→APPLIED
35	2018-01-28 10:59:33:240	03GTA__FA1__	GEN．BRAKE	DISAPL→APPLIED

续表

序号	时间记录	设备描述 1	设备描述 2	状态记录
36	2018-01-28 10:59:34:600	03GTA__FA2__	GEN．BRAKE	DISAPL→APPLIED
37	2018-01-28 11:01:20:180	03GTA__FA1__	GEN．BRAKE	APPLIED→DISAPL
38	2018-01-28 11:01:20:180	03GTA__FA4__	GEN．BRAKE	APPLIED→DISAPL
39	2018-01-28 11:01:22:120	03GTA__FA3__	GEN．BRAKE	APPLIED→DISAPL
40	2018-01-28 11:01:22:380	03GTA__FA2__	GEN．BRAKE	APPLIED→DISAPL
41	2018-01-28 12:00:42:240	03GTA__FA3__	GEN．BRAKE	DISAPL→APPLIED
42	2018-01-28 12:00:42:720	03GTA__FA4__	GEN．BRAKE	DISAPL→APPLIED
43	2018-01-28 12:00:42:940	03GTA__FA1__	GEN．BRAKE	DISAPL→APPLIED
44	2018-01-28 12:00:44:280	03GTA__FA2__	GEN．BRAKE	DISAPL→APPLIED
45	2018-01-28 12:02:14:200	03GTA__FA1__	GEN．BRAKE	APPLIED→DISAPL
46	2018-01-28 12:02:14:260	03GTA__FA4__	GEN．BRAKE	APPLIED→DISAPL
47	2018-01-28 12:02:16:320	03GTA__FA2__	GEN．BRAKE	APPLIED→DISAPL
48	2018-01-28 12:02:16:340	03GTA__FA3__	GEN．BRAKE	APPLIED→DISAPL
49	2018-01-29 01:15:36:960	03GTA__FA4__	GEN．BRAKE	DISAPL→APPLIED
50	2018-01-29 01:15:37:180	03GTA__FA1__	GEN．BRAKE	DISAPL→APPLIED
51	2018-01-29 01:15:37:980	03GTA__FA3__	GEN．BRAKE	DISAPL→APPLIED
52	2018-01-29 01:15:39:520	03GTA__FA2__	GEN．BRAKE	DISAPL→APPLIED
53	2018-01-29 01:18:14:040	03GTA__FA1__	GEN．BRAKE	APPLIED→DISAPL
54	2018-01-29 01:18:14:080	03GTA__FA4__	GEN．BRAKE	APPLIED→DISAPL
55	2018-01-29 01:18:15:880	03GTA__FA3__	GEN．BRAKE	APPLIED→DISAPL
56	2018-01-29 01:18:16:260	03GTA__FA2__	GEN．BRAKE	APPLIED→DISAPL
57	2018-01-29 01:29:16:440	03GTA__FA4__	GEN．BRAKE	DISAPL→APPLIED
58	2018-01-29 01:29:17:060	03GTA__FA3__	GEN．BRAKE	DISAPL→APPLIED
59	2018-01-29 01:29:17:660	03GTA__FA1__	GEN．BRAKE	DISAPL→APPLIED
60	2018-01-29 01:29:19:000	03GTA__FA2__	GEN．BRAKE	DISAPL→APPLIED
61	2018-01-29 01:30:49:760	03GTA__FA1__	GEN．BRAKE	APPLIED→DISAPL
62	2018-01-29 01:30:49:800	03GTA__FA4__	GEN．BRAKE	APPLIED→DISAPL

续表

序号	时间记录	设备描述 1	设备描述 2	状态记录
63	2018-01-29 01:30:51:640	03GTA__FA2__	GEN．BRAKE	APPLIED→DISAPL
64	2018-01-29 01:30:51:680	03GTA__FA3__	GEN．BRAKE	APPLIED→DISAPL
65	2018-01-29 08:00:57:380	03GTA__FA4__	GEN．BRAKE	DISAPL→APPLIED
66	2018-01-29 08:00:58:080	03GTA__FA3__	GEN．BRAKE	DISAPL→APPLIED
67	2018-01-29 08:00:58:540	03GTA__FA1__	GEN．BRAKE	DISAPL→APPLIED
68	2018-01-29 08:00:59:900	03GTA__FA2__	GEN．BRAKE	DISAPL→APPLIED
69	2018-01-29 08:02:45:080	03GTA__FA1__	GEN．BRAKE	APPLIED→DISAPL
70	2018-01-29 08:02:45:160	03GTA__FA4__	GEN．BRAKE	APPLIED→DISAPL
71	2018-01-29 08:02:47:080	03GTA__FA3__	GEN．BRAKE	APPLIED→DISAPL
72	2018-01-29 08:02:47:300	03GTA__FA2__	GEN．BRAKE	APPLIED→DISAPL
73	2018-01-29 12:03:51:640	03GTA__FA4__	GEN．BRAKE	DISAPL→APPLIED
74	2018-01-29 12:03:52:380	03GTA__FA3__	GEN．BRAKE	DISAPL→APPLIED
75	2018-01-29 12:03:53:000	03GTA__FA1__	GEN．BRAKE	DISAPL→APPLIED
76	2018-01-29 12:03:54:320	03GTA__FA2__	GEN．BRAKE	DISAPL→APPLIED
77	2018-01-29 12:05:24:620	03GTA__FA4__	GEN．BRAKE	APPLIED→DISAPL
78	2018-01-29 12:05:24:680	03GTA__FA1__	GEN．BRAKE	APPLIED→DISAPL
79	2018-01-29 12:05:26:740	03GTA__FA2__	GEN．BRAKE	APPLIED→DISAPL
80	2018-01-29 12:05:26:860	03GTA__FA3__	GEN．BRAKE	APPLIED→DISAPL
81	2018-01-29 17:13:46:860	03GTA__FA4__	GEN．BRAKE	DISAPL→APPLIED
82	2018-01-29 17:13:47:060	03GTA__FA1__	GEN．BRAKE	DISAPL→APPLIED
83	2018-01-29 17:13:47:640	03GTA__FA3__	GEN．BRAKE	DISAPL→APPLIED
84	2018-01-29 17:13:49:400	03GTA__FA2__	GEN．BRAKE	DISAPL→APPLIED
85	2018-01-29 17:15:35:140	03GTA__FA4__	GEN．BRAKE	APPLIED→DISAPL
86	2018-01-29 17:15:35:160	03GTA__FA1__	GEN．BRAKE	APPLIED→DISAPL
87	2018-01-29 17:15:37:280	03GTA__FA3__	GEN．BRAKE	APPLIED→DISAPL
88	2018-01-29 17:15:37:320	03GTA__FA2__	GEN．BRAKE	APPLIED→DISAPL
89	2018-01-29 21:43:07:860	03GTA__FA4__	GEN．BRAKE	DISAPL→APPLIED

续表

序号	时间记录	设备描述 1	设备描述 2	状态记录
90	2018-01-29 21:43:08:140	03GTA__FA1__	GEN．BRAKE	DISAPL→APPLIED
91	2018-01-29 21:43:08:640	03GTA__FA3__	GEN．BRAKE	DISAPL→APPLIED
92	2018-01-29 21:43:10:460	03GTA__FA2__	GEN．BRAKE	DISAPL→APPLIED
93	2018-01-29 21:44:40:360	03GTA__FA1__	GEN．BRAKE	APPLIED→DISAPL
94	2018-01-29 21:44:40:380	03GTA__FA4__	GEN．BRAKE	APPLIED→DISAPL
95	2018-01-29 21:44:42:540	03GTA__FA3__	GEN．BRAKE	APPLIED→DISAPL
96	2018-01-29 21:44:42:620	03GTA__FA2__	GEN．BRAKE	APPLIED→DISAPL
97	2018-01-29 23:23:36:960	03GTA__FA4__	GEN．BRAKE	DISAPL→APPLIED
98	2018-01-29 23:23:37:660	03GTA__FA3__	GEN．BRAKE	DISAPL→APPLIED
99	2018-01-29 23:23:38:140	03GTA__FA1__	GEN．BRAKE	DISAPL→APPLIED
100	2018-01-29 23:23:39:520	03GTA__FA2__	GEN．BRAKE	DISAPL→APPLIED
101	2018-01-29 23:25:40:160	03GTA__FA1__	GEN．BRAKE	APPLIED→DISAPL
102	2018-01-29 23:25:40:200	03GTA__FA4__	GEN．BRAKE	APPLIED→DISAPL
103	2018-01-29 23:25:42:360	03GTA__FA3__	GEN．BRAKE	APPLIED→DISAPL
104	2018-01-29 23:25:42:480	03GTA__FA2__	GEN．BRAKE	APPLIED→DISAPL
105	2018-01-30 07:55:13:720	03GTA__FA4__	GEN．BRAKE	DISAPL→APPLIED
106	2018-01-30 07:55:13:920	03GTA__FA1__	GEN．BRAKE	DISAPL→APPLIED
107	2018-01-30 07:55:14:620	03GTA__FA3__	GEN．BRAKE	DISAPL→APPLIED
108	2018-01-30 07:55:16:280	03GTA__FA2__	GEN．BRAKE	DISAPL→APPLIED
109	2018-01-30 07:56:45:440	03GTA__FA1__	GEN．BRAKE	APPLIED→DISAPL
110	2018-01-30 07:56:45:440	03GTA__FA4__	GEN．BRAKE	APPLIED→DISAPL
111	2018-01-30 07:56:47:580	03GTA__FA3__	GEN．BRAKE	APPLIED→DISAPL
112	2018-01-30 07:56:47:600	03GTA__FA2__	GEN．BRAKE	APPLIED→DISAPL
113	2018-01-30 10:30:16:960	03GTA__FA4__	GEN．BRAKE	DISAPL→APPLIED
114	2018-01-30 10:30:17:160	03GTA__FA1__	GEN．BRAKE	DISAPL→APPLIED
115	2018-01-30 10:30:17:700	03GTA__FA3__	GEN．BRAKE	DISAPL→APPLIED
116	2018-01-30 10:30:19:480	03GTA__FA2__	GEN．BRAKE	DISAPL→APPLIED

续表

序号	时间记录	设备描述 1	设备描述 2	状态记录
117	2018-01-30 10:32:05:200	03GTA__FA1__	GEN．BRAKE	APPLIED→DISAPL
118	2018-01-30 10:32:05:240	03GTA__FA4__	GEN．BRAKE	APPLIED→DISAPL
119	2018-01-30 10:32:07:220	03GTA__FA3__	GEN．BRAKE	APPLIED→DISAPL
120	2018-01-30 10:32:07:460	03GTA__FA2__	GEN．BRAKE	APPLIED→DISAPL
121	2018-01-30 12:01:12:940	03GTA__FA3__	GEN．BRAKE	DISAPL→APPLIED
122	2018-01-30 12:01:13:400	03GTA__FA4__	GEN．BRAKE	DISAPL→APPLIED
123	2018-01-30 12:01:13:660	03GTA__FA1__	GEN．BRAKE	DISAPL→APPLIED
124	2018-01-30 12:01:15:000	03GTA__FA2__	GEN．BRAKE	DISAPL→APPLIED
125	2018-01-30 12:02:44:800	03GTA__FA1__	GEN．BRAKE	APPLIED→DISAPL
126	2018-01-30 12:02:44:860	03GTA__FA4__	GEN．BRAKE	APPLIED→DISAPL
127	2018-01-30 12:02:46:960	03GTA__FA2__	GEN．BRAKE	APPLIED→DISAPL
128	2018-01-30 12:02:47:040	03GTA__FA3__	GEN．BRAKE	APPLIED→DISAPL
129	2018-01-30 13:25:57:580	03GTA__FA3__	GEN．BRAKE	DISAPL→APPLIED
130	2018-01-30 13:25:58:040	03GTA__FA4__	GEN．BRAKE	DISAPL→APPLIED
131	2018-01-30 13:25:58:260	03GTA__FA1__	GEN．BRAKE	DISAPL→APPLIED
132	2018-01-30 13:25:59:600	03GTA__FA2__	GEN．BRAKE	DISAPL→APPLIED
133	2018-01-30 13:27:45:120	03GTA__FA1__	GEN．BRAKE	APPLIED→DISAPL
134	2018-01-30 13:27:45:240	03GTA__FA4__	GEN．BRAKE	APPLIED→DISAPL
135	2018-01-30 13:27:47:320	03GTA__FA3__	GEN．BRAKE	APPLIED→DISAPL
136	2018-01-30 13:27:47:460	03GTA__FA2__	GEN．BRAKE	APPLIED→DISAPL
137	2018-01-30 14:09:06:460	03GTA__FA3__	GEN．BRAKE	DISAPL→APPLIED
138	2018-01-30 14:09:07:040	03GTA__FA4__	GEN．BRAKE	DISAPL→APPLIED
139	2018-01-30 14:09:07:280	03GTA__FA1__	GEN．BRAKE	DISAPL→APPLIED
140	2018-01-30 14:09:08:620	03GTA__FA2__	GEN．BRAKE	DISAPL→APPLIED
141	2018-01-30 14:10:39:420	03GTA__FA1__	GEN．BRAKE	APPLIED→DISAPL
142	2018-01-30 14:10:39:460	03GTA__FA4__	GEN．BRAKE	APPLIED→DISAPL
143	2018-01-30 14:10:41:680	03GTA__FA2__	GEN．BRAKE	APPLIED→DISAPL

续表

序号	时间记录	设备描述 1	设备描述 2	状态记录
144	2018-01-30 14:10:41:680	03GTA__FA3__	GEN．BRAKE	APPLIED→DISAPL
145	2018-01-30 19:12:51:660	03GTA__FA4__	GEN．BRAKE	DISAPL→APPLIED
146	2018-01-30 19:12:52:380	03GTA__FA3__	GEN．BRAKE	DISAPL→APPLIED
147	2018-01-30 19:12:53:000	03GTA__FA1__	GEN．BRAKE	DISAPL→APPLIED
148	2018-01-30 19:12:54:320	03GTA__FA2__	GEN．BRAKE	DISAPL→APPLIED
149	2018-01-30 19:14:40:120	03GTA__FA1__	GEN．BRAKE	APPLIED→DISAPL
150	2018-01-30 19:14:40:200	03GTA__FA4__	GEN．BRAKE	APPLIED→DISAPL
151	2018-01-30 19:14:42:260	03GTA__FA3__	GEN．BRAKE	APPLIED→DISAPL
152	2018-01-30 19:14:42:480	03GTA__FA2__	GEN．BRAKE	APPLIED→DISAPL
153	2018-01-30 22:04:13:840	03GTA__FA3__	GEN．BRAKE	DISAPL→APPLIED
154	2018-01-30 22:04:14:360	03GTA__FA4__	GEN．BRAKE	DISAPL→APPLIED
155	2018-01-30 22:04:14:620	03GTA__FA1__	GEN．BRAKE	DISAPL→APPLIED
156	2018-01-30 22:04:15:980	03GTA__FA2__	GEN．BRAKE	DISAPL→APPLIED
157	2018-01-30 22:05:45:540	03GTA__FA1__	GEN．BRAKE	APPLIED→DISAPL
158	2018-01-30 22:05:45:580	03GTA__FA4__	GEN．BRAKE	APPLIED→DISAPL
159	2018-01-30 22:05:47:740	03GTA__FA3__	GEN．BRAKE	APPLIED→DISAPL
160	2018-01-30 22:05:47:920	03GTA__FA2__	GEN．BRAKE	APPLIED→DISAPL
161	2018-01-31 02:04:43:080	03GTA__FA3__	GEN．BRAKE	DISAPL→APPLIED
162	2018-01-31 02:04:43:520	03GTA__FA4__	GEN．BRAKE	DISAPL→APPLIED
163	2018-01-31 02:04:43:740	03GTA__FA1__	GEN．BRAKE	DISAPL→APPLIED
164	2018-01-31 02:04:45:080	03GTA__FA2__	GEN．BRAKE	DISAPL→APPLIED
165	2018-01-31 02:06:46:220	03GTA__FA1__	GEN．BRAKE	APPLIED→DISAPL
166	2018-01-31 02:06:46:220	03GTA__FA4__	GEN．BRAKE	APPLIED→DISAPL
167	2018-01-31 02:06:48:300	03GTA__FA3__	GEN．BRAKE	APPLIED→DISAPL
168	2018-01-31 02:06:48:460	03GTA__FA2__	GEN．BRAKE	APPLIED→DISAPL
169	2018-01-31 08:04:30:120	03GTA__FA3__	GEN．BRAKE	DISAPL→APPLIED
170	2018-01-31 08:04:30:580	03GTA__FA4__	GEN．BRAKE	DISAPL→APPLIED

续表

序号	时间记录	设备描述 1	设备描述 2	状态记录
171	2018-01-31 08:04:30:760	03GTA__FA1__	GEN．BRAKE	DISAPL→APPLIED
172	2018-01-31 08:04:32:140	03GTA__FA2__	GEN．BRAKE	DISAPL→APPLIED
173	2018-01-31 08:06:00:160	03GTA__FA4__	GEN．BRAKE	APPLIED→DISAPL
174	2018-01-31 08:06:00:300	03GTA__FA1__	GEN．BRAKE	APPLIED→DISAPL
175	2018-01-31 08:06:02:440	03GTA__FA2__	GEN．BRAKE	APPLIED→DISAPL
176	2018-01-31 08:06:02:520	03GTA__FA3__	GEN．BRAKE	APPLIED→DISAPL
177	2018-01-31 08:06:35:920	03GTA__FA3__	GEN．BRAKE	DISAPL→APPLIED
178	2018-01-31 08:06:36:640	03GTA__FA4__	GEN．BRAKE	DISAPL→APPLIED
179	2018-01-31 08:06:36:840	03GTA__FA1__	GEN．BRAKE	DISAPL→APPLIED
180	2018-01-31 08:06:38:180	03GTA__FA2__	GEN．BRAKE	DISAPL→APPLIED
181	2018-01-31 08:07:44:680	03GTA__FA4__	GEN．BRAKE	APPLIED→DISAPL
182	2018-01-31 08:07:44:700	03GTA__FA1__	GEN．BRAKE	APPLIED→DISAPL
183	2018-01-31 08:07:46:880	03GTA__FA3__	GEN．BRAKE	APPLIED→DISAPL
184	2018-01-31 08:07:47:040	03GTA__FA2__	GEN．BRAKE	APPLIED→DISAPL
185	2018-01-31 10:05:29:980	03GTA__FA3__	GEN．BRAKE	DISAPL→APPLIED
186	2018-01-31 10:05:30:620	03GTA__FA4__	GEN．BRAKE	DISAPL→APPLIED
187	2018-01-31 10:05:30:860	03GTA__FA1__	GEN．BRAKE	DISAPL→APPLIED
188	2018-01-31 10:05:32:180	03GTA__FA2__	GEN．BRAKE	DISAPL→APPLIED
189	2018-01-31 10:07:00:980	03GTA__FA1__	GEN．BRAKE	APPLIED→DISAPL
190	2018-01-31 10:07:01:000	03GTA__FA4__	GEN．BRAKE	APPLIED→DISAPL
191	2018-01-31 10:07:03:100	03GTA__FA2__	GEN．BRAKE	APPLIED→DISAPL
192	2018-01-31 10:07:03:240	03GTA__FA3__	GEN．BRAKE	APPLIED→DISAPL
193	2018-01-31 10:46:07:000	03GTA__FA3__	GEN．BRAKE	DISAPL→APPLIED
194	2018-01-31 10:46:07:620	03GTA__FA4__	GEN．BRAKE	DISAPL→APPLIED
195	2018-01-31 10:46:07:860	03GTA__FA1__	GEN．BRAKE	DISAPL→APPLIED
196	2018-01-31 10:46:09:200	03GTA__FA2__	GEN．BRAKE	DISAPL→APPLIED
197	2018-01-31 10:47:55:200	03GTA__FA1__	GEN．BRAKE	APPLIED→DISAPL

198	2018-01-31 10:47:55:300	03GTA__FA4__	GEN. BRAKE	APPLIED→DISAPL
199	2018-01-31 10:47:57:460	03GTA__FA2__	GEN. BRAKE	APPLIED→DISAPL
200	2018-01-31 10:47:57:480	03GTA__FA3__	GEN. BRAKE	APPLIED→DISAPL
201	2018-01-31 12:10:42:720	03GTA__FA3__	GEN. BRAKE	DISAPL→APPLIED
202	2018-01-31 12:10:43:380	03GTA__FA4__	GEN. BRAKE	DISAPL→APPLIED
203	2018-01-31 12:10:43:640	03GTA__FA1__	GEN. BRAKE	DISAPL→APPLIED
204	2018-01-31 12:10:45:000	03GTA__FA2__	GEN. BRAKE	DISAPL→APPLIED
205	2018-01-31 12:12:15:760	03GTA__FA1__	GEN. BRAKE	APPLIED→DISAPL
206	2018-01-31 12:12:15:820	03GTA__FA4__	GEN. BRAKE	APPLIED→DISAPL
207	2018-01-31 12:12:17:940	03GTA__FA3__	GEN. BRAKE	APPLIED→DISAPL
208	2018-01-31 12:12:18:060	03GTA__FA2__	GEN. BRAKE	APPLIED→DISAPL
209	2018-01-31 19:12:32:460	03GTA__FA3__	GEN. BRAKE	DISAPL→APPLIED
210	2018-01-31 19:12:32:960	03GTA__FA4__	GEN. BRAKE	DISAPL→APPLIED
211	2018-01-31 19:12:33:200	03GTA__FA1__	GEN. BRAKE	DISAPL→APPLIED
212	2018-01-31 19:12:34:520	03GTA__FA2__	GEN. BRAKE	DISAPL→APPLIED
213	2018-01-31 19:14:20:220	03GTA__FA1__	GEN. BRAKE	APPLIED→DISAPL
214	2018-01-31 19:14:20:320	03GTA__FA4__	GEN. BRAKE	APPLIED→DISAPL
215	2018-01-31 19:14:22:320	03GTA__FA3__	GEN. BRAKE	APPLIED→DISAPL
216	2018-01-31 19:14:22:440	03GTA__FA2__	GEN. BRAKE	APPLIED→DISAPL
217	2018-01-31 22:59:40:120	03GTA__FA3__	GEN. BRAKE	DISAPL→APPLIED
218	2018-01-31 22:59:40:700	03GTA__FA4__	GEN. BRAKE	DISAPL→APPLIED
219	2018-01-31 22:59:40:960	03GTA__FA1__	GEN. BRAKE	DISAPL→APPLIED
220	2018-01-31 22:59:42:320	03GTA__FA2__	GEN. BRAKE	DISAPL→APPLIED
221	2018-01-31 23:01:12:240	03GTA__FA1__	GEN. BRAKE	APPLIED→DISAPL
222	2018-01-31 23:01:12:300	03GTA__FA4__	GEN. BRAKE	APPLIED→DISAPL
223	2018-01-31 23:01:14:420	03GTA__FA3__	GEN. BRAKE	APPLIED→DISAPL
224	2018-01-31 23:01:14:460	03GTA__FA2__	GEN. BRAKE	APPLIED→DISAPL
225	2018-02-01 02:29:04:760	03GTA__FA3__	GEN. BRAKE	DISAPL→APPLIED
226	2018-02-01 02:29:05:280	03GTA__FA4__	GEN. BRAKE	DISAPL→APPLIED

续表

序号	时间记录	设备描述 1	设备描述 2	状态记录
227	2018-02-01 02:29:05:520	03GTA__FA1__	GEN．BRAKE	DISAPL→APPLIED
228	2018-02-01 02:29:06:840	03GTA__FA2__	GEN．BRAKE	DISAPL→APPLIED
229	2018-02-01 02:31:20:700	03GTA__FA1__	GEN．BRAKE	APPLIED→DISAPL
230	2018-02-01 02:31:20:740	03GTA__FA4__	GEN．BRAKE	APPLIED→DISAPL
231	2018-02-01 02:31:22:780	03GTA__FA2__	GEN．BRAKE	APPLIED→DISAPL
232	2018-02-01 02:31:22:860	03GTA__FA3__	GEN．BRAKE	APPLIED→DISAPL
233	2018-02-01 08:03:22:740	03GTA__FA3__	GEN．BRAKE	DISAPL→APPLIED
234	2018-02-01 08:03:23:180	03GTA__FA4__	GEN．BRAKE	DISAPL→APPLIED
235	2018-02-01 08:03:23:400	03GTA__FA1__	GEN．BRAKE	DISAPL→APPLIED
236	2018-02-01 08:03:24:760	03GTA__FA2__	GEN．BRAKE	DISAPL→APPLIED
237	2018-02-01 08:04:53:820	03GTA__FA4__	GEN．BRAKE	APPLIED→DISAPL
238	2018-02-01 08:04:53:960	03GTA__FA1__	GEN．BRAKE	APPLIED→DISAPL
239	2018-02-01 08:04:56:060	03GTA__FA2__	GEN．BRAKE	APPLIED→DISAPL
240	2018-02-01 08:04:56:100	03GTA__FA3__	GEN．BRAKE	APPLIED→DISAPL
241	2018-02-01 18:13:26:680	03GTA__FA4__	GEN．BRAKE	DISAPL→APPLIED
242	2018-02-01 18:13:26:900	03GTA__FA1__	GEN．BRAKE	DISAPL→APPLIED
243	2018-02-01 18:13:27:380	03GTA__FA3__	GEN．BRAKE	DISAPL→APPLIED
244	2018-02-01 18:13:29:200	03GTA__FA2__	GEN．BRAKE	DISAPL→APPLIED
245	2018-02-01 18:15:15:160	03GTA__FA4__	GEN．BRAKE	APPLIED→DISAPL
246	2018-02-01 18:15:15:220	03GTA__FA1__	GEN．BRAKE	APPLIED→DISAPL
247	2018-02-01 18:15:17:200	03GTA__FA3__	GEN．BRAKE	APPLIED→DISAPL
248	2018-02-01 18:15:17:420	03GTA__FA2__	GEN．BRAKE	APPLIED→DISAPL
249	2018-02-01 20:00:06:020	03GTA__FA3__	GEN．BRAKE	DISAPL→APPLIED
250	2018-02-01 20:00:06:540	03GTA__FA4__	GEN．BRAKE	DISAPL→APPLIED
251	2018-02-01 20:00:06:760	03GTA__FA1__	GEN．BRAKE	DISAPL→APPLIED
252	2018-02-01 20:00:08:100	03GTA__FA2__	GEN．BRAKE	DISAPL→APPLIED
253	2018-02-01 20:01:37:580	03GTA__FA1__	GEN．BRAKE	APPLIED→DISAPL

续表

序号	时间记录	设备描述 1	设备描述 2	状态记录
254	2018-02-01 20:01:37:620	03GTA__FA4__	GEN．BRAKE	APPLIED→DISAPL
255	2018-02-01 20:01:39:720	03GTA__FA2__	GEN．BRAKE	APPLIED→DISAPL
256	2018-02-01 20:01:39:860	03GTA__FA3__	GEN．BRAKE	APPLIED→DISAPL
257	2018-02-02 01:27:53:780	03GTA__FA4__	GEN．BRAKE	DISAPL→APPLIED
258	2018-02-02 01:27:54:360	03GTA__FA3__	GEN．BRAKE	DISAPL→APPLIED
259	2018-02-02 01:27:54:980	03GTA__FA1__	GEN．BRAKE	DISAPL→APPLIED
260	2018-02-02 01:27:56:300	03GTA__FA2__	GEN．BRAKE	DISAPL→APPLIED
261	2018-02-02 01:30:11:100	03GTA__FA4__	GEN．BRAKE	APPLIED→DISAPL
262	2018-02-02 01:30:11:120	03GTA__FA1__	GEN．BRAKE	APPLIED→DISAPL
263	2018-02-02 01:30:13:060	03GTA__FA2__	GEN．BRAKE	APPLIED→DISAPL
264	2018-02-02 01:30:13:200	03GTA__FA3__	GEN．BRAKE	APPLIED→DISAPL
265	2018-02-02 08:02:48:240	03GTA__FA3__	GEN．BRAKE	DISAPL→APPLIED
266	2018-02-02 08:02:48:720	03GTA__FA4__	GEN．BRAKE	DISAPL→APPLIED
267	2018-02-02 08:02:48:920	03GTA__FA1__	GEN．BRAKE	DISAPL→APPLIED
268	2018-02-02 08:02:50:300	03GTA__FA2__	GEN．BRAKE	DISAPL→APPLIED
269	2018-02-02 08:04:18:820	03GTA__FA1__	GEN．BRAKE	APPLIED→DISAPL
270	2018-02-02 08:04:18:860	03GTA__FA4__	GEN．BRAKE	APPLIED→DISAPL
271	2018-02-02 08:04:20:920	03GTA__FA2__	GEN．BRAKE	APPLIED→DISAPL
272	2018-02-02 08:04:21:040	03GTA__FA3__	GEN．BRAKE	APPLIED→DISAPL
273	2018-02-02 10:30:52:380	03GTA__FA3__	GEN．BRAKE	DISAPL→APPLIED
274	2018-02-02 10:30:52:880	03GTA__FA4__	GEN．BRAKE	DISAPL→APPLIED
275	2018-02-02 10:30:53:080	03GTA__FA1__	GEN．BRAKE	DISAPL→APPLIED
276	2018-02-02 10:30:54:420	03GTA__FA2__	GEN．BRAKE	DISAPL→APPLIED
277	2018-02-02 10:32:40:200	03GTA__FA1__	GEN．BRAKE	APPLIED→DISAPL
278	2018-02-02 10:32:40:260	03GTA__FA4__	GEN．BRAKE	APPLIED→DISAPL
279	2018-02-02 10:32:42:200	03GTA__FA2__	GEN．BRAKE	APPLIED→DISAPL
280	2018-02-02 10:32:42:220	03GTA__FA3__	GEN．BRAKE	APPLIED→DISAPL

续表

序号	时间记录	设备描述 1	设备描述 2	状态记录
281	2018-02-02 12:35:30:180	03GTA__FA3__	GEN．BRAKE	DISAPL→APPLIED
282	2018-02-02 12:35:30:700	03GTA__FA4__	GEN．BRAKE	DISAPL→APPLIED
283	2018-02-02 12:35:30:980	03GTA__FA1__	GEN．BRAKE	DISAPL→APPLIED
284	2018-02-02 12:35:32:320	03GTA__FA2__	GEN．BRAKE	DISAPL→APPLIED
285	2018-02-02 12:37:02:400	03GTA__FA1__	GEN．BRAKE	APPLIED→DISAPL
286	2018-02-02 12:37:02:460	03GTA__FA4__	GEN．BRAKE	APPLIED→DISAPL
287	2018-02-02 12:37:04:620	03GTA__FA2__	GEN．BRAKE	APPLIED→DISAPL
288	2018-02-02 12:37:04:660	03GTA__FA3__	GEN．BRAKE	APPLIED→DISAPL
289	2018-02-03 01:50:19:040	03GTA__FA4__	GEN．BRAKE	DISAPL→APPLIED
290	2018-02-03 01:50:19:240	03GTA__FA1__	GEN．BRAKE	DISAPL→APPLIED
291	2018-02-03 01:50:20:140	03GTA__FA3__	GEN．BRAKE	DISAPL→APPLIED
292	2018-02-03 01:50:21:580	03GTA__FA2__	GEN．BRAKE	DISAPL→APPLIED
293	2018-02-03 01:52:35:180	03GTA__FA1__	GEN．BRAKE	APPLIED→DISAPL
294	2018-02-03 01:52:35:180	03GTA__FA4__	GEN．BRAKE	APPLIED→DISAPL
295	2018-02-03 01:52:37:180	03GTA__FA3__	GEN．BRAKE	APPLIED→DISAPL
296	2018-02-03 01:52:37:420	03GTA__FA2__	GEN．BRAKE	APPLIED→DISAPL
297	2018-02-03 08:07:56:740	03GTA__FA4__	GEN．BRAKE	DISAPL→APPLIED
298	2018-02-03 08:07:56:960	03GTA__FA1__	GEN．BRAKE	DISAPL→APPLIED
299	2018-02-03 08:07:57:660	03GTA__FA3__	GEN．BRAKE	DISAPL→APPLIED
300	2018-02-03 08:07:59:340	03GTA__FA2__	GEN．BRAKE	DISAPL→APPLIED
301	2018-02-03 08:09:27:720	03GTA__FA1__	GEN．BRAKE	APPLIED→DISAPL
302	2018-02-03 08:09:27:860	03GTA__FA4__	GEN．BRAKE	APPLIED→DISAPL
303	2018-02-03 08:09:30:040	03GTA__FA3__	GEN．BRAKE	APPLIED→DISAPL
304	2018-02-03 08:09:30:200	03GTA__FA2__	GEN．BRAKE	APPLIED→DISAPL
305	2018-02-03 18:29:27:040	03GTA__FA4__	GEN．BRAKE	DISAPL→APPLIED
306	2018-02-03 18:29:27:200	03GTA__FA1__	GEN．BRAKE	DISAPL→APPLIED
307	2018-02-03 18:29:28:380	03GTA__FA3__	GEN．BRAKE	DISAPL→APPLIED

续表

序号	时间记录	设备描述 1	设备描述 2	状态记录
308	2018-02-03 18:29:29:540	03GTA__FA2__	GEN．BRAKE	DISAPL→APPLIED
309	2018-02-03 18:31:15:160	03GTA__FA1__	GEN．BRAKE	APPLIED→DISAPL
310	2018-02-03 18:31:15:340	03GTA__FA4__	GEN．BRAKE	APPLIED→DISAPL
311	2018-02-03 18:31:17:320	03GTA__FA3__	GEN．BRAKE	APPLIED→DISAPL
312	2018-02-03 18:31:17:600	03GTA__FA2__	GEN．BRAKE	APPLIED→DISAPL
313	2018-02-03 19:49:56:180	03GTA__FA4__	GEN．BRAKE	DISAPL→APPLIED
314	2018-02-03 19:49:56:820	03GTA__FA3__	GEN．BRAKE	DISAPL→APPLIED
315	2018-02-03 19:49:57:400	03GTA__FA1__	GEN．BRAKE	DISAPL→APPLIED
316	2018-02-03 19:49:58:760	03GTA__FA2__	GEN．BRAKE	DISAPL→APPLIED
317	2018-02-03 19:51:29:500	03GTA__FA1__	GEN．BRAKE	APPLIED→DISAPL
318	2018-02-03 19:51:29:840	03GTA__FA4__	GEN．BRAKE	APPLIED→DISAPL
319	2018-02-03 19:51:31:760	03GTA__FA2__	GEN．BRAKE	APPLIED→DISAPL
320	2018-02-03 19:51:31:940	03GTA__FA3__	GEN．BRAKE	APPLIED→DISAPL

表 7-2　　开关量记录 V_1

序号	时间记录	电气设备描述 1	电气设备描述 2	状态记录
39	2018-01-28 11:01:20:180	03GTA__FA4__	GEN．BRAKE	APPLIED→DISAPL
111	2018-01-30 07:56:45:440	03GTA__FA4__	GEN．BRAKE	APPLIED→DISAPL
145	2018-01-30 14:10:41:680	03GTA__FA3__	GEN．BRAKE	APPLIED→DISAPL
167	2018-01-31 02:06:46:220	03GTA__FA4__	GEN．BRAKE	APPLIED→DISAPL
295	2018-02-03 01:52:35:180	03GTA__FA4__	GEN．BRAKE	APPLIED→DISAPL

表 7-3　　检修记录 M

名称	退备种类	开始时间	结束时间	备注
3 号机	计划检修	2018-01-28 14:05:00	2018-01-28 18:50:00	无

表 7-4　　间隔时间 T_{2on} 和 T_{2off}

序号	间隔时间 T_{2on}（s）	间隔时间 T_{2off}（s）	序号	间隔时间 T_{2on}（s）	间隔时间 T_{2off}（s）
1	0.62	0.02	3	1.32	0.02
2	0.62	2.02	4	0.6	0.02

续表

序号	间隔时间 T_{2on}（s）	间隔时间 T_{2off}（s）	序号	间隔时间 T_{2on}（s）	间隔时间 T_{2off}（s）
5	0.56	1.9	39	1.38	2.14
6	1.4	0.2	40	0.2	0.02
7	0.24	0.06	41	0.7	0.04
8	1.26	1.78	42	1.66	1.98
9	1.1	0.38	43	0.2	0.24
10	0.16	0.14	44	0.54	0.06
11	0.72	1.94	45	1.78	2.1
12	1.68	0.18	46	0.46	0.08
13	0.66	1.94	47	0.26	0.12
14	0.5	0.26	48	1.34	2.08
15	1.36	0.06	49	0.46	0.14
16	0.48	2.06	50	0.22	0.04
17	0.22	0.02	51	1.34	2.22
18	1.34	0.04	52	0.58	0.08
19	0.22	1.8	53	0.24	2.06
20	0.8	0.38	54	1.34	0.22
21	1.54	0.04	55	0.72	0.04
22	0.62	1.84	56	0.62	2.16
23	0.6	0.04	57	1.32	0.18
24	1.34	0.08	58	0.52	2.08
25	0.7	1.92	59	0.26	0.16
26	0.46	0.22	60	1.36	0.14
27	1.36	0.06	61	0.44	2.14
28	0.74	2.06	62	0.22	0.08
29	0.62	0.12	63	1.34	0.02
30	1.32	0.02	64	0.46	2.18
31	0.2	2.12	65	0.18	0.16
32	0.58	0.04	66	1.38	0.02
33	1.76	0.02	67	0.72	2.1
34	0.28	2.16	68	0.2	0.14
35	0.5	0.08	69	1.34	0.1
36	1.82	0.04	70	0.64	2.16
37	0.7	2.16	71	0.24	0.02
38	0.48	0.12	72	1.32	0.06

续表

序号	间隔时间 T_{2on}（s）	间隔时间 T_{2off}（s）	序号	间隔时间 T_{2on}（s）	间隔时间 T_{2off}（s）
73	0.62	2.12	97	0.58	2.06
74	0.24	0.12	98	0.62	0.12
75	1.34	0.1	99	1.32	0.06
76	0.66	2	100	0.48	1.94
77	0.26	0.12	101	0.2	0.02
78	1.36	0.06	102	1.38	0.06
79	0.5	2.12	103	0.5	2.16
80	0.24	0.04	104	0.2	0.04
81	1.32	0.04	105	1.34	2
82	0.58	2.04	106	0.52	0.24
83	0.26	0.08	107	0.28	0.14
84	1.36	0.14	108	1.34	2.18
85	0.52	2.1	109	0.2	0.16
86	0.24	0.04	110	0.9	0.18
87	1.32	0.06	111	1.44	1.98
88	0.44	1.98	112	0.22	0.28
89	0.22	0.22	113	0.7	0.34
90	1.36	0.04	114	1.68	1.92
91	0.22	2.1	115	0.16	\
92	0.48	0.14	116	1.18	\
93	1.82	0.02	117	1.16	\
94	0.52	1.94	118	0.64	\
95	0.22	0.14	119	0.58	\
96	1.34	0.04			

7.4 本章小结

本章以机械刹车爪为例介绍不同步动作缺陷快速甄别方法，可从指定历史时期内指定设备机械刹车爪的开关量记录中快速获取机械刹车爪不同步动作的间隔时间差，为运维人员辨识设备机械刹车爪不同步动作现象，缺陷定位、缺陷跟踪、提前消缺工作提供技术支持。具体步骤如下：首先采集指定历史时期内指定设备机械刹车爪的开关量记录，剔除其中重复出现的开关量记录后按记录时间先后进行排序。接着筛选出机械刹车爪处于运行时段的开关量记录，并依次计算获得同一状态记录的各开关量记录的间隔时间。最后用数值最大的间隔时间与阈值 δ_0 进行比较，若 f 大于阈值 δ_0 时，则对设备机械刹车爪进行检查维修；若 f 不大于阈值 δ_0 时，则无需对设备机械刹车爪进行检查维修。

第8章

开关量异常变位的状态检修方法

8.1 开关量异常变位缺陷的表征

8.1.1 微观表征

开关量异常变位主要表现在两个方面，抖动和长期保持在0或1。抖动，是指同一个信号在很短的时间（毫秒级）内重复出现；信号长期保持为0或1，则表现在信号无论在机组停机状态还是开机状态，本来该变位的信号没有出现变化，信号被保持住。当出现这两种情况之一，均表明运行设备或者传感器存在隐性缺陷，应该引起重视。过去该隐性缺陷工作多依靠人工定期检索来发现，难以做到在缺陷暴露前实现消缺的目的。本章提供方法依靠计算机对开关量进行周期分析，以达到通过开关量异常变位发现隐性缺陷进而提前消缺的状态检修目的。

8.1.2 宏观表征

开关量异常变位的宏观表征体现在生产流程控制中。生产流程控制中，海量的监控信号蕴含着大量的设备动作顺序信息，过去由于缺少标准化的快速辨识方法，监控信号中关于设备动作顺序信息的信息价值没有被挖掘。某水电厂系统正常设备的动作顺序为A1、A2、A3、A4…，则设备动作顺序异常及监控信号抖动现象都可以抽象归纳为以下两种情形：①该系统设备的动作顺序没有按A1、A2、A3、A4…执行；②该系统设备的动作顺序出现设备信号频繁下令的情况，即 A1、A2、A3、A3、A3、A3…。本章所述方法可有效解决以上难题。

8.2　发现开关量异常变位缺陷的意义

8.2.1　通过预警为故障处置赢得时间

过去对于机组启停过程中，某一设备该动不动的缺陷，往往需待机组启停程序超时导致机组启停失败后才能暴露。本节提出通过对开关量数据进行实时监测，当某一设备的开关量在机组启停过程中出现抖动现象时，提前向值班员预报，为值班员争取宝贵的故障处理时间的方法。

以某蓄能水电厂 A 厂 SFC 出口开关合闸开关量为例，当抽水蓄能机组泵工况启动流程走至 SFC 出口开关合闸一步时，若出现上位机反复下 SFC 出口开关合闸令的监控信号抖动现象时，本方法能无需程序流程超时即可提前提醒运维人员做好故障预判和故障处置准备，无疑可为故障处理争取宝贵的时间。

以某蓄能水电厂 B 厂电气制动开关的开关量记录为例，当机组停机过程中，机组转速下降至 50%以下作为一个监控信号，以电气制动开关合闸的开关量作为一个监控信号，若出现机组转速下降至 50%后，监控系统仍收不到电气制动开关合闸的开关量信号，本方法可不用待停机流程超时，即可提前提醒值班员做好机组停机失败故障处置的准备，无疑为故障处置争取到 10min 以上的宝贵处置时间。

以某蓄能水电厂 A 厂水环排水阀为例，抽水蓄能机组泵工况启动过程中，由于该阀门由两组阀门组成，水环排水阀开启和关闭的监控信号应成对出现，本方法可以判出不成对出现，或出现抖动现象的情况，以提醒运维人员及时消除隐性缺陷。

8.2.2　通过提示发现隐性缺陷避免缺陷发展

对于机组停机后相关阀门未动作到位的缺陷，由于上位机未设有相关提示报警信号，该缺陷较难被发现。本章提出在机组停至稳态后，通过计算机自动将各关键阀门最后一组开关量记录与标准机组停机稳态开关量记录进行比较，若出现开关量异常变位现象则提示值班员报告缺陷。

以某蓄能水电厂 A 厂压水进气液压阀为例。该阀门位置不正确将导致机组下一次启动失败。过去要发现该液压阀关闭不到位缺陷，需在机组停机稳态时，通过核对上位机模拟图才能发现。若能在监测收到机组停机稳态的开关量后，对该液压阀最后一组开关量机组进行核对，若状态不正确则及时提醒值班员收回机组控制权。

8.2.3 通过监视流程执行情况定位缺陷部位

在机组启停失败的故障处理中，往往需要了解机组启停流程在哪一环节出现问题。本方法提出在机组启停失败后，即监测到故障停机的信号后，将机组启停失败过程中的开关量与机组正常启停过程的开关量进行比较，定位并返回异常的记录。以提高现场人员的处置效率和准确性。

8.3 设备动作顺序异常及监控信号抖动状态检修方法

本方法目的在于提供设备动作顺序异常及监控信号抖动状态检修方法，按监控系统的刷新频率监视监测开始条件，监测开始条件满足后，监视指定的多个监控信号，获得指定多个监控信号动作顺序情况，再通过计时，以及与正确顺序进行比较辨识缺陷表征为多个设备动作顺序异常以及监控信号抖动的隐性缺陷，进而进行有针对的检查维修，达到状态检修的目标。

本方法设备动作顺序异常及监控信号抖动状态检修方法，步骤如下：

（1）设置监测开始条件 V_0、监测结束条件 V_t、指定的 N 个监控信号 Q、正确动作顺序 HC，指定的 N 个监控信号 Q 的最小延时要求 Q_{time}。

（2）监视监测开始条件 V_0，监测开始条件 V_0 满足后，监测指定的 N 个监控信号 Q，若出现监控信号抖动的情况则将监控信号存入并发报警，提醒运维人员进行检查维修。

（3）监测开始条件 V_0 满足后，按监控系统的刷新频率监视指定的 N 个监控信号 Q，并与正确动作顺序 HC 进行比较，若动作顺序出错，则将比较结果存成错误码 HN，并自适应输出报警 HW，提醒运维人员进行检查维修。

（4）若动作顺序出错或监测到结束条件 V_t 满足后，同时转至执行第（2）步和第（3）步。

a．监测开始条件 V_0、监测结束条件 V_t、指定的 N 个监控信号 Q 的设置方式如下：

（a）若只选择一个变量，可直接链接变量库选择变量，若变量是开关量信号则选择触发类型，触发类型包括 0 或 1、0→1 或 1→0 类型，若变量是模拟量信号，可通过设定动作值和返回值，将模拟量达到动作值设为 1，模拟量下降至返回值设为 0，将模拟量转化为开关量进行处理；

（b）若还需增加触发变量进行"与""或"操作，可点击"＋"按钮，在弹出的"与""或"选择小窗口中选择相应逻辑关系，然后新增变量，转至执行第（a）步。

b．指定的 N 个监控信号 Q 的最小延时要求 Q_{time} 通过分别输入 N 个时间设定值进行设置。

c．所述的开关量信号，其特征在于开关量信号包含两种状态记录，分别是代表状态为"1"的状态记录和代表状态为"0"的状态记录，所述开关量记录至少包含三个记录内容，分别是精确至毫秒的时间记录、状态记录、设备描述。

d．监控信号抖动由以下步骤获得：监测开始条件 V_0 满足后，监测指定的 N 个监控信号 Q，若监控信号 Q 出现相同或不同时刻的多条相同状态的监控信号，或在最小延时要求 Q_{time} 内监控信号 0→1 和 1→0 至少各出现一次，则判断为监控信号抖动的情况。

e．正确动作顺序 HC 的设置方式如下：

（a）指定的 N 个监控信号 Q 根据动作先后由高位向低位进行排序，形成 $1\times N$ 的矩阵 A，矩阵 $A=[Q_1, \cdots\cdots, Q_N]$。

（b）矩阵 A 中指定的 N 个监控信号 Q，根据 a.（a）和 a.（b）的设置，动作存为 1，不动作或动作返回存为 0。

（c）将 M 个正确步骤以矩阵 A 的格式进行表达，按顺序先后形成正确动作顺序 HC，HC 为 $M\times N$ 的矩阵，即 $HC=[A_1, \cdots\cdots, A_M]^{T}$。

f．监测开始条件 V_0 满足后，按监控系统的刷新频率监视指定的 N 个监控信号 Q，并与正确动作顺序 HC 进行比较，若动作顺序出错，则将比较结果存成错误码 HN，并自适应输出报警 HW，由以下步骤获得：

（a）监测指定的 N 个监控信号 Q，以矩阵 A 的格式进行存储，则顺序为 i 的指定的 N 个监控信号 Q 为 A，与正确动作顺序 HC 中顺序为 i 的 A_i 和顺序为 $i+1$ 的 A_{i+1} 进行比较。

（b）A 先与 A_i 通过异或进行比较，即 $A \oplus A_i$，$i \in [1, M)$，若异或结果中含有 1 后与 A_{i+1} 通过异或进行比较，即 $A \oplus A_{i+1}$，$i \in [1, M)$，若异或结果中含有 1，则判断为动作顺序出错，将 i 存到错误码 HN 的第 1 列，将 $i+1$ 存到错误码 HN 的第 2 列，将异或结果存到错误码 HN 的第 3～（$N+2$）列中，错误码 HN 为 1×（$N+2$）的矩阵，报警 HW 由错误码自适应形成，格式为第 HN（1）步至第 HN（2）步中，HN（3）～HN（$N+2$）为 1 的设备动作不正确；若 A 与 A_{i+1} 通过异或进行比较，异或结果不含有 1，则 i 的值加 1，转至执行第（a）步。

g．监测开始条件 V_{bin} 满足至动作顺序出错或监测结束条件 V_{end} 满足为一个统计周期。

h．步骤（2）和步骤（3）所述的检查维修为对监控信号所属设备进行检查维修。

（a）针对监控信号抖动现象，进行下列检查维修项目：

a）检查传感器安装位置、与待测对象之间的间距是否合适。

b）检查传感器接线是否存在接触不良的情况。

c） 检查信号反馈回路是否受到电磁干扰，如有，则检查屏蔽、接地等措施是否恰当。

（b）针对设备动作顺序异常现象，进行下列检查维修项目：

a）若某个设备动作信号缺失：

ⓐ检查设备动作信号反馈回路是否正常。

ⓑ检查设备动作命令回路是否正常。

ⓒ检查设备动力电源、控制电源及执行机构是否正常。

b）若设备间动作先后顺序出现变化：

ⓐ检查设备从命令发出至动作到位时间是否变化。

ⓑ检查设备命令及反馈回路接线是否有误。

ⓒ检查设备控制程序是否做过修改，若修改过则检查程序修改是否

合理。

与现有技术相比，本方法填补了工程界的空白，具有以下优点和技术效果：

（1）本方法提供了对设备动作顺序异常及监控信号抖动的标准化分析方法，用自动检测和控制的方式，实现按监控系统的刷新频率监视指定的多个监控信号，获得缺陷表征为多个设备动作顺序异常、监控信号抖动的隐性缺陷的状态检修方法。

（2）本方法提供了分别针对监控信号所属设备的监控信号抖动现象和设备动作顺序异常现象的标准检查维修方法，为快速处理缺陷表征为多个设备动作顺序异常、监控信号抖动的缺陷提供有效技术手段。

（3）本方法提供了获得抖动监控信号的方法、错误码的自动生成方法和根据错误码自适应输出报警的方法，为快速定位缺陷设备和发现缺陷表征提供了技术支持。

8.4　设备动作顺序异常及监控信号抖动状态评估实例

以下对某蓄能水电厂 2017 年 07 月 31 日 00:00 至 00:19，SFC 拖 1 号机组泵工况启动的监控信号进行实例分析。正常情况下，1 号机组泵工况启动过程中，机组泵工况启动流程走至第三大步时，机组换相隔离开关、启动隔离开关、SFC 出口断路器应按顺序依次动作，即先合上 1 号机组换相隔离开关，再合上 1 号机组启动隔离开关，然后合上 SFC 出口断路器，最后收到 1 号机组电气轴建立的监控信号。

结合图 8-1 流程，设备动作顺序异常及监控信号抖动状态检修方法包括以下步骤：

（1）按表 8-1 设置监测开始条件 V_0 为 1 号机组泵工况启动第三大步流程开始信号、监测结束条件 V_t 为 1 号机组泵工况启动第三大步流程结束信号、指定的 4 个监控信号 Q，即 Q_1 为 1 号机组换相隔离开关合闸反馈的监控信号、Q_2 为 1 号机组启动隔离开关合闸反馈的监控信号、Q_3 为 SFC 出口开关合闸的监控信号、Q_4 为 1 号机组电气轴建立的监控信号，则矩阵 $A=[Q_1, Q_2, Q_3, Q_4]$。4 个监控信号的触发类型为“0→1”。

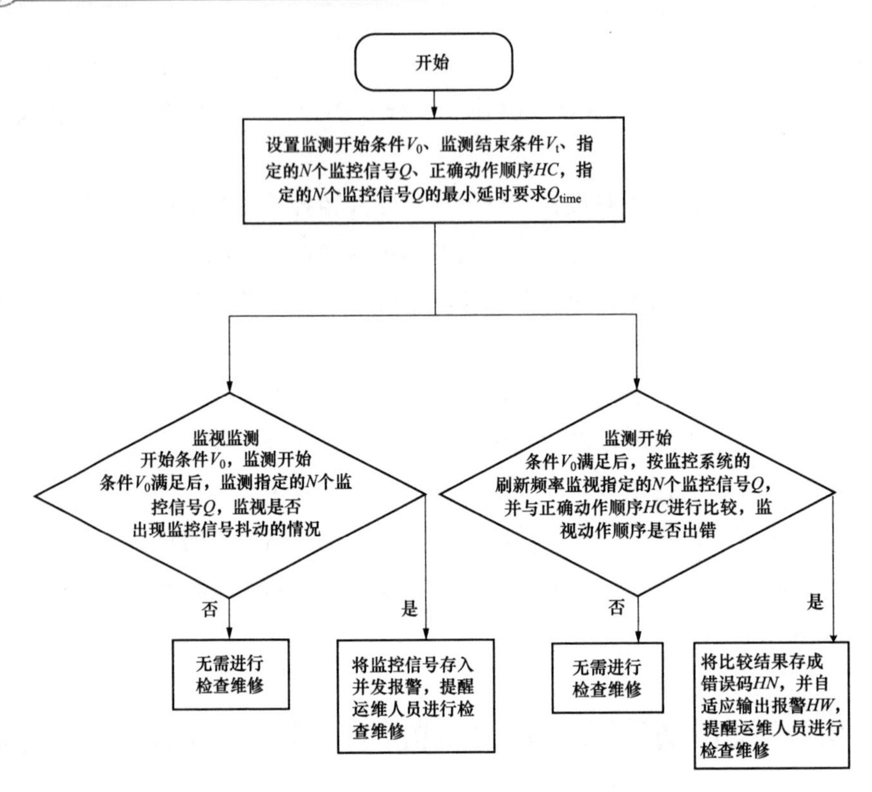

图 8-1　设备动作顺序异常及监控信号抖动状态检修方法流程图

$$\text{正确动作顺序 } HC=\begin{bmatrix} 0 & 0 & 0 & 0 \\ 1 & 0 & 0 & 0 \\ 1 & 1 & 0 & 0 \\ 1 & 1 & 1 & 0 \\ 1 & 1 & 1 & 1 \end{bmatrix}。$$

指定的 4 个监控信号 Q 的最小延时要求 Q_{time} 分别为监控信号 Q_1 的最小延时要求 Q_{time1} 为 10s，监控信号 Q_2 的最小延时要求 Q_{time2} 为 10s，监控信号 Q_3 的最小延时要求 Q_{time3} 为 60s，监控信号 Q_4 的最小延时要求 Q_{time4} 为 10s。

表 8-1　　　　初　始　设　置

设置	设备描述 1	设备描述 2	状态记录
监测开始条件 V_0	01GTASEQT010_STEP	TRANSFERT STPNG TO CP WITH SFC S10_ST02［2］→S10_ST03［3］	0→1
监测结束条件 V_t	01GTASEQT010_STEP	TRANSFERT STPNG TO CP WITH SFC S10_ST03［3］→S10_ST04［4］	0→1

续表

设置	设备描述 1	设备描述 2	状态记录
监控信号 Q_1	01GTA008JS_C 01GTA006JS_C 01GTA009JS_C	PRI PH A2 PRI PH B PRI PH C2	/
监控信号 Q_1 的触发类型	/	/	0→1
监控信号 Q_2	20GTATEA0872	01GTA002JS CLOSE ORDER	/
监控信号 Q_2 的触发类型	/	/	0→1
监控信号 Q_3	20GTATEA1463	20GTA001JD CLOSING ORDER	/
监控信号 Q_3 的触发类型	/	/	0→1
监控信号 Q_4	20GTA120XR	U1 LAUNCHING ELEC SHAFT READY	
监控信号 Q_4 的触发类型	/	/	0→1

（2）根据监控系统的刷新频率监视监测开始条件 V_0，监测开始条件 V_{bin} 于 2017-07-31 00:03:39:489 满足后，监测表 8-1 指定的 4 个监控信号，其中 3 个监控系统的信号如表 8-2 所示，2017-07-31 00:04:53:330 开始 Q_3 开始出现不同时刻的多条相同状态的监控信号，即出现信号抖动现象，将监控信号存下并发报警提醒运维人员进行检查维修。

表 8-2　　　　指定的 4 个监控信号 Q

时间	设备描述 1	设备描述 2	状态
2017-07-31 00:03:39:489	01GTASEQT010_STEP	TRANSFERT STPNG TO CP WITH SFC S10_ST02［2］→S10_ST03［3］	0→1
2017-07-31 00:03:41:940	01GTA008JS_C 01GTA006JS_C 01GTA009JS_C	PRI PH A2 PRI PH B PRI PH C2	0→1
2017-07-31 00:03:43:390	20GTATEA0872	01GTA002JS CLOSE ORDER	0→1
2017-07-31 00:04:32:730	20GTATEA1463	20GTA001JD CLOSING ORDER	0→1
2017-07-31 00:04:53:330	20GTATEA1463	20GTA001JD CLOSING ORDER	0→1
2017-07-31 00:05:13:750	20GTATEA1463	20GTA001JD CLOSING ORDER	0→1

续表

时间	设备描述 1	设备描述 2	状态
2017-07-31 00:05:34:290	20GTATEA1463	20GTA001JD CLOSING ORDER	0→1
2017-07-31 00:05:54:660	20GTATEA1463	20GTA001JD CLOSING ORDER	0→1
2017-07-31 00:06:15:290	20GTATEA1463	20GTA001JD CLOSING ORDER	0→1
2017-07-31 00:06:35:780	20GTATEA1463	20GTA001JD CLOSING ORDER	0→1
2017-07-31 00:06:56:290	20GTATEA1463	20GTA001JD CLOSING ORDER	0→1
2017-07-31 00:07:16:680	20GTATEA1463	20GTA001JD CLOSING ORDER	0→1

（3）根据监控系统的刷新频率监视监测开始条件 V_0，监测开始条件 V_0 于 2017-07-31 00:03:39:489 满足后，监测表 8-1 指定的 4 个监控信号，如表 8-3 所示，2017-07-31 00:04:32:730 流程正常，A_i与A_{i+1}进行异或，即$A_i \oplus A_{i+1}$，异或结果不含有 1，即与正确动作顺序 HC 动作一致。2017-07-31 00:19:09:560，1 号机组泵工况启动失败。2017-07-31 00:19:11:100，Q_1 变位，异或结果中存在两个 1，错误码 HN＝［3，4，1，0，0，1］，报警 HW 为第 3 步至第 4 步中，1 号机组换相隔离开关、1 号机组电气轴建立动作不正确，提醒运维人员进行检查维修。

表 8-3　　前两个统计周期中指定的 3 个监控信号 Q

时间	动作监控信号	设备描述	A_i	HC（A_{i+1}）	异或结果
2017-07-31 00:03:41:940	Q_1	1 号机组换相隔离开关合闸反馈的监控信号	A＝［1，0，0，0］	HC（1，:）＝［1，0，0，0］	［0，0，0，0］
2017-07-31 00:03:43:390	Q_2	1 号机组启动隔离开关合闸反馈的监控信号	A＝［1，1，0，0］	HC（2，:）＝［1，1，0，0］	［0，0，0，0］
2017-07-31 00:04:32:730	Q_3	SFC 出口开关合闸的监控信号	A＝［1，1，1，0］	HC（3，:）＝［1，1，1，0］	［0，0，0，0］
2017-07-31 00:19:11:100	Q_1	1 号机组换相隔离开关合闸反馈的监控信号	A＝［0，1，1，0］	HC（4，:）＝［1，1，1，1］	［1，0，0，1］

（4）1 号机组启动失败，未收到监测结束条件 V_t 为 1 号机组泵工况启动第三大步流程结束信号，本方法通过监测到动作顺序出错，同时转至执行第

（2）步和第（3）步继续下一个统计周期的监视。

设备检查维修：

（a）针对监控信号抖动现象，检查传感器安装位置与待测对象之间的间距是否合适中发现：

查看 eventlog 发现 20GTA 不停发 SFC 出口开关合闸命令，现地查看 SFC 出口开关未合闸。检查发现合闸线圈顶针已经把合闸机构挡板顶开约 2mm，但没到达开关合闸位置，判断为合闸机构挡板卡涩。临时调整合闸线圈限位螺钉，使合闸线圈励磁时，顶针有较大的行程从而有足够力量顶开合闸机构挡板。将 SFC 交回系统备用，SFC 启泵正常，开关分合闸正常。

（b）针对设备动作顺序异常现象：

SFC 出口开关未合闸，1 号机组电气轴未建立，因此没收到监控信号 Q4，1 号机组泵工况启动流程超时，走停机流程，故设备间动作先后顺序出现变化。通过探测到设备动作顺序异常现象，即用于通知提醒运维人员，也用于本方法自动复位，继续下一个统计周期的监视。

处理结果：本方法在 2017-07-31 00:04:53:330 即发现缺陷，距离 2017-07-31 00:19:09:560，1 号机组泵工况启动失败，既为现场运维人员赢得了将近 15min 的宝贵时间赶赴现场做好故障准备，也让调度人员可提前从其他厂站调节出力，避免机组启动失败对系统造成影响。检查维修方法有效也为故障处置节省了时间。

可见，本方法提供了对设备动作顺序异常及监控信号抖动的标准化分析方法，用自动检测和控制的方式，实现按监控系统的刷新频率监视指定的多个监控信号，获得缺陷表征为多个设备动作顺序异常、监控信号抖动的隐性缺陷的状态检修方法，为快速判断监控信号所属设备是否存在缺陷提供技术支持，可在缺陷暴露前实现消缺。

8.5　本章小结

本章提供设备动作顺序异常及监控信号抖动状态检修方法，用于快速辨识缺陷表征为多个设备动作顺序异常以及监控信号抖动的隐性缺陷，并提供有针对的状态检修方法。具体步骤如下：首先设置监测开始条件、监测结束条件、监控信号、正确动作顺序、最小延时要求。接着按监控系统的刷新频率监视监测开始条件，监测开始条件满足后，监测指定的多个监控信号，若出现监控信号抖动的情况则将监控信号存入并发报警。与正确动作顺序进行比较，若动作顺序出错，则将比较结果存成错误码，并自适应输出报警，提醒运维人员进行检查维修；若动作顺序正确或监测到结束条件满足，则返回继续按监视系统的刷新频率监测开始条件。

第9章 运行设备数据分析管理

运行设备数据分析的管理思路主要借鉴PDCA的管理模式进行各环节的闭环管理，并形成企业的管理标准或制度。

9.1 策划环节

由运行部负责运行设备数据分析工作的归口管理。运行部每年3月前根据上一年度的《运行数据分析工作总结回顾》组织对运行设备重要度、设备故障后果识别，以确定需要进行分析的系统和分析周期，并依此制定年度定期分析的工作计划，即《运行数据分析计划表》。

依据分析方法制定《某蓄能水电厂运行数据分析技术规范》，并为管理标准或制度提供操作层面的技术支持。《运行数据分析计划表》依据《某蓄能水电厂运行数据分析技术规范》评估各运行数据分析的工作量，将工作平均分解摊派至每月完成。数据分析工作开展过程中，运行部可结合运行设备的运行方式和运行情况调整《运行数据分析计划表》中相应系统（设备）的运行数据分析工作安排。

9.2 执行环节

执行环节主要理顺了数据分析的管理流程及各环节的具体要求，主要包括：

（1）根据《运行数据分析计划表》安排的每月数据分析工作由运行部值班员或巡检员负责，于当月20日前依据《某蓄能水电厂运行数据分析技术规范》开展并完成《运行数据分析报告》的编写。

（2）各《运行数据分析报告》应按照《运行数据分析报告模板》的格式和内容要求进行编写，经值长审核后由运行部主任组织审定。

（3）对于运行数据分析发现的设备缺陷和合理化建议，负责运行数据分析工作的值班员或巡检员应按设备缺陷管理业务、设备科技、技改项目及合理化建议业务要求进行填报。

（4）经审定的《运行数据分析报告》每月提交至设备部，由设备部对《运行数据分析报告》的结论和建议进行技术分析，将设备的检查和消缺工作要求下达至维修部，并督促维修部完成，将需要进行运行方式调整的工作内容要求下达至运行部，并由运行部完成。

（5）维修部根据设备部的要求和《运行数据分析报告》的结论和建议，在机组检修或专业巡检期间，组织专业人员进行设备的检查和消缺工作。

9.3 检查及回顾环节

检查及回顾环节主要规定了以下管理要求：

（1）运行部应就数据分析技术和各系统（设备）运行数据分析方法每年对运行部员工进行培训，当数据分析技术和各系统（设备）运行数据分析方法有变化时，应在3个月内对运行部员工进行培训。

（2）《运行数据分析报告》提交设备部后，设备部就《运行数据分析报告》的技术指导和消缺情况反馈给运行部。运行部就设备部反馈的技术指导进行识别，并及时改进运行数据分析技术。

（3）运行部结合运行数据分析工作的开展情况和设备部反馈的技术指导和消缺情况在每年12月对全厂年度运行数据分析管理执行情况进行回顾、分析和总结，并编写《运行数据分析工作总结回顾》。

（4）运行部每年结合《运行数据分析工作总结回顾》的要求，对管理标准和技术标准持续改进，进行适当的完善和修订，并依此制定下一年度定期分析的工作计划，即《运行数据分析计划表》。

9.4 运行数据分析与评价管理业务指导书

运行数据分析与评价管理业务指导书

1 业务说明

运用规范和统一的数据分析方法对表征重要系统及设备性能指标的运行数据进行定期性的统计和分析，定性地评估设备系统的性能，对设备的健康状态和潜在问题进行跟踪管理，为设备状态检修提供有力的数据支持。

2 适用范围

本业务指导书规定了电厂设备运行数据分析与评价管理的职责、设备分析周期、工作计划、分析方法、分析报告及管理等要求。

本业务指导书适用于电厂运行中心、生产技术部、维护中心。

3 引用文件

下列文件对于本文件的应用是必不可少的。凡是注日期的引用文件，仅注日期的版本适用本文件。凡是不注日期的引用文件，其最新版本（包括所有的修改单）适用于本文件。

南方电网安全生产风险管理体系 5.4.2 运行分析与评价

4 术语和定义

下列术语和定义适用于本业务指导书。

4.1 开关量数据

开关量数据是正常可记录于 eventlog 上，具有两种状态记录，分别代表“on”和“off”的设备状态。开关量数据至少包含三个内容：时间记录、状态记录、设备描述。

4.2 巡检数据

巡检数据是运行巡检员根据运行巡检任务，在巡检过程中现场采集的数据，反映运行设备状态、参数的记录。

4.3 值班记录

值班员在运行值班日志中对有关设备的状态、信号、参数进行监视、分析、判断及调整等记录。

4.4 设备运行时间概率密度

指定设备运行时长的样本数与总样本数的比值，用于表征设备的运行时长的概率分布。

4.5 设备启动间隔概率密度

指定设备启动间隔时长的样本数与总样本数的比值，用于表征设备的启动间隔时长的概率分布。

5 管理要点

5.1 职责

5.1.1 运行中心主任、副主任

1）负责本业务指导书的归口管理；

2）组织制定年度运行设备数据分析与评价计划；

3）指派专人负责运行设备数据分析与评价的管理，组织实施运行设备数据分析与评价计划。

5.1.2 运行数据分析与评价管理负责人

1）负责制定运行中心年度数据分析评价计划，每月统筹和跟进计划的执行；

2）审核运行数据分析与评价报告，并经运行中心主任审批后进行流转和归档；

3）负责月度工作总结、年度工作总结回顾和管理评审；

4）负责组织分析人员进行运行数据分析技术和评价方法的培训。

5.1.3 运行数据分析员

1）自觉接受培训，熟悉并掌握运行数据分析与评价技术；

2）服从运行数据分析与评价管理负责人的管理，按计划收集负责项目的运行数据，按照本业务指导书要求进行运行数据分析和评价工作；

3）按照附录 E《运行数据分析与评价报告模板》规范要求编制运行数据分析与评价报告并流转。

5.1.4　生产技术部主任

根据运行数据分析与评价报告进行评估，跟踪发现的问题，并督促维护中心消缺或技改。

5.1.5　维护中心主任

组织人员对运行数据分析发现的问题进行评估和跟进，制定消缺计划并按时消缺或技改。

5.2　管理内容和要求

5.2.1　运行数据分析与评价计划

1）运行中心副主任在制定年度工作计划时，应指派专人负责运行数据分析与评价管理工作，并分派相应的运行数据分析员协助其完成年度数据分析工作计划。

2）运行数据分析与评价管理负责人应在每年 2 月底前根据部门提供的资源和附录 A“运行数据分析周期表”规定的项目和周期，制定运行中心本年度运行数据分析与评价工作计划（附录 C）。

3）年度运行数据分析与评价计划经运行中心副主任审核，运行中心主任批准后执行。

4）年度运行数据分析与评价计划由运行分析数据管理负责人根据部门分派的资源组织具体的实施，运行分析数据管理负责人每月应对计划执行情况进行回顾，并按附件 D 格式于每月 25 日提交月度运行数据分析与评价工作总结。

5.2.2　运行数据分析与评价

1）运行数据分析员应由具备运行巡检和 ON-CALL 授权的人员担任，并熟悉运行数据分析软件的操作。

2）运行数据分析员应按计划完成负责项目的数据采集，根据运行数据统计和分析结果，评估设备运行性能指标的变化趋势和设备的健康状态，并在当月 20 日前按附录 E 的格式要求完成设备运行数据分析与评价报告，并提交部门运行数据分析与评价管理责任人审核。

3）运行数据分析与评价管理负责人应认真审核当月所有的运行数据分析与评价报告，并提交运行中心副主任或主任审批和归档。

4）在运行数据分析中发现的设备存在明显的缺陷，运行数据分析员应向值长汇报，由值长组织人员核实、报缺，并评估故障的后果，制定并落实控制措施。

5）当某个系统（设备）的性能指标出现劣化，运行中心副主任应根据设备的重要度和缺陷可能造成的后果，采取以下跟进措施：

- 增加运行数据分析与评价的频率；
- 调整设备的运行方式；
- 增加巡检频率；
- 制定并落实运行风险控制措施。

6）运行中心负责每月将月度运行数据分析与评价工作总结的内容通过蓄能水电厂月例会提交生产技术部，由生产技术部对运行数据分析的结论和建议进行技术分析和评估，将设备的检查和消缺工作要求下达至维护中心，并督促维护中心完成，将需要进行运行方式调整的工作内容要求下达至运行中心，并由运行中心负责执行。

7）维护中心根据生产技术部的要求和《运行数据分析与评价报告》的结论和建议，再次评估设备的状态，根据设备状态评价结果，制定检查和消缺计划并按时实施。

5.2.3 运行数据分析与评价培训

1）运行数据分析与评价管理负责人应就本业务指导书涉及的数据分析技术和各系统（设备）运行数据分析与评价方法每年对运行数据分析员进行培训。

2）当数据分析技术和各系统（设备）运行数据分析方法有变化时，运行数据分析与评价管理负责人应在3个月内对运行数据分析员进行培训。

5.2.4 检查与回顾

1）生产技术部应将《运行数据分析与评价报告》的技术分析、评估和敦促消缺情况反馈给运行中心。

2）运行数据分析与评价管理负责人每月对年度运行数据分析计划的执行情况进行检查。

3）运行数据分析与评价管理负责人应每年年底从计划、执行、检查及回顾等管理方面的执行情况对运行数据分析与评价管理情况进行回顾，并编写运行数据分析与评价的年度管理评审报告。

5.2.5 记录保存

本业务指导书在执行过程中要求的记录类型和保存期限按表9-1规定执行。

表 9-1 记 录 保 存

序号	记录名称	记录类型	保存地点	保存期限
1	运行数据分析与评价管理评审报告	电子或纸质	运行中心	三年
2	年度运行数据分析与评价工作计划	电子或纸质	运行中心	三年
3	月度运行数据分析与评价工作总结	电子或纸质	运行中心	三年
4	运行数据分析与评价报告	电子或纸质	运行中心	三年
5	运行数据分析与评价工作培训签到表	电子或纸质	运行中心	三年

6 附录

6.1 附录 A 运行数据分析周期表

6.2 附录 B 运行数据分析与评价管理评审报告

6.3 附录 C 年度运行数据分析与评价工作计划

6.4 附录 D 月度运行数据分析与评价工作总结

6.5 附录 E 运行数据分析与评价报告模板

附　录　A
（规范性附录）
运行数据分析周期表

序号	系统/设备	设备	采样数据	建议分析数据	分析周期
1	B 厂水泵水轮机	B 厂调相工况压水保持电磁阀	B 厂机组退备的起止时间、B 厂机组 CP 工况运行的起止时间、B 厂机组自动补气电磁阀的动作信号	机组自动补气电磁阀开启时间的概率密度分布图、平均开启时间曲线，自动补气电磁阀开启总时长与 CP 工况运行总时长的比值	1 次/年
2	AB 厂水泵水轮机	AB 厂机组背靠背启动成功率	AB 厂机组背靠背的启动信息	机组背靠背启动成功率	1 次/年
3	AB 厂消防系统	AB 厂消防水泵	AB 厂消防水泵启停信号	AB 厂消防水泵运行时间的概率密度分布图、AB 厂消防水泵平均运行时间曲线、AB 厂消防水泵启动次数	1 次/年
4	AB 厂尾闸系统	AB 厂尾闸油泵	机组退备的起止时间、油泵启停信号	油泵运行时间的概率密度分布图、油泵平均运行时间曲线、油泵启动次数	1 次/年
5	B 厂调速器	B 厂调速器油泵	机组退备的起止时间、油泵启停信号	油泵运行时间的概率密度分布图、油泵平均运行时间曲线、油泵启动次数	1 次/年
6	B 厂调速器	B 厂调速器漏油泵	机组退备的起止时间、油泵启停信号	油泵运行时间的概率密度分布图、油泵平均运行时间曲线、油泵启动次数	1 次/年
7	AB 厂渗漏排水系统	AB 厂渗漏排水泵	AB 厂渗漏排水泵启停信号	排水泵运行时间的概率密度分布图、排水泵平均运行时间曲线、排水泵启动次数	1 次/年
8	AB 厂高压气系统	AB 厂高压气机	AB 厂高压气机启停信号	气机运行时间的概率密度分布图、气机平均运行时间曲线、气机启动次数	1 次/年
9	B 厂低压气系统	B 厂低压气机	B 厂低压气机启停信号	气机运行时间的概率密度分布图、气机平均运行时间曲线、气机启动次数	1 次/年

续表

序号	系统/设备	设备	采样数据	建议分析数据	分析周期
10	A厂18kV母线设备	A厂机组GCB操动机构	A厂机组GCB动作信号、操作气罐气机启停信号	气机平均运行时间曲线、气机启动次数	1次/年
11	AB厂500kV系统	AB厂500kV GIS设备	GIS气隔SF_6补气时间	GIS气隔平均补气周期	1次/年
12	B厂球阀	B厂球阀油泵	机组退备的起止时间、B厂球阀油泵启停信号	油泵运行时间的概率密度分布图、油泵平均运行时间曲线、油泵启动次数或油泵间隔启动时间	1次/年
13	A厂机组机械刹车	A厂机组机械刹车	机组退备的起止时间、A厂机组机械刹车投退信号	A厂机组机械刹车爪投入状态和退出状态的动作时间差值	1次/年

备注：

1）B厂机组调相工况压水保持性能数据分析工作和AB厂机组背靠背启动成功率数据分析工作要求在每年1月（即春节）前完成。

2）为更好地跟踪系统（设备）运行性能的变化趋势，各系统（设备）所分析的开关量数据应与上一次同类分析的开关量数据做到前后连贯衔接，如2016年10月B厂球阀液压系统保压性能数据分析的开关量数据为2015年12月01日00:00至2016年10月01日00:00区间，则2017年11月B厂球阀液压系统保压性能数据分析应选择2016年10月01日00:00至2017年11月01日00:00区间的开关量数据进行分析。

附　录　B
（规范性附录）
运行数据分析与评价管理评审报告

编写：　　　　　　　　　　　　审核：　　　　　　　　　　　　日期：

1　S 环节：

1.1　运行数据分析工作组织情况

1.2　对变化的管理情况

2　E、C 环节：执行情况

序号	数据分析项目	结论	建议	生产技术部反馈
1				
2				
3				
4				
5				

3　P 环节：绩效评估

序号	部门/班组	S 环节	E 环节	C 环节	P 整体绩效
1	运行中心				
2	维护中心	不涉及		不涉及	
3	生产技术部	不涉及			

4　分析及总结

1）各运行系统设备数据分析的总体情况

2）明年工作的改进建议

备注：总结回顾应简明扼要。

附　录　C
（规范性附录）
年度运行数据分析与评价工作计划

20××年运行数据分析与评价分析计划

制表：　　　　审核：　　　　批准：　　　　日期：

序号	数据分析项目	工作要求	计划时限	分析员	管理负责人	每月执行情况跟进
1						
2						
3						
4						
5						
6						
7						
8						
9						
10						
11						
12						

附 录 D
（规范性附录）
月度运行数据分析与评价工作总结

20××年××月运行数据分析与评价工作总结

制表：　　审核：　　批准：　　日期：

序号	本月数据分析项目	工作要求	计划时限	分析员	分析结论	建议
1					存在问题及风险	需关注的指标及消缺/运行方式调整建议
2						
3						
4						
5						
6						
7						
8						
9						
10						
11						

附　录　E

（规范性附录）

运行数据分析与评价报告模板

运行中心

2017年A厂消防水泵

数据分析报告

编写：

审核：

审定：

编写日期：

一、运行数据分析说明

本报告通过对A厂消防水系统消防水泵的数据进行统计和分析，对A厂消防水系统压力保持性能进行定性评估，并对其性能的变化趋势进行判断，以发现设备的隐性缺陷。

二、数据采集范围

采集的数据为A厂1、2号消防水泵在eventlog上的动作信号。

采集的时段为2016年03月01日至2017年04月01日。

三、运行数据统计和分析

（1）A厂1、2号消防水泵的启动次数统计如图1、图2所示。

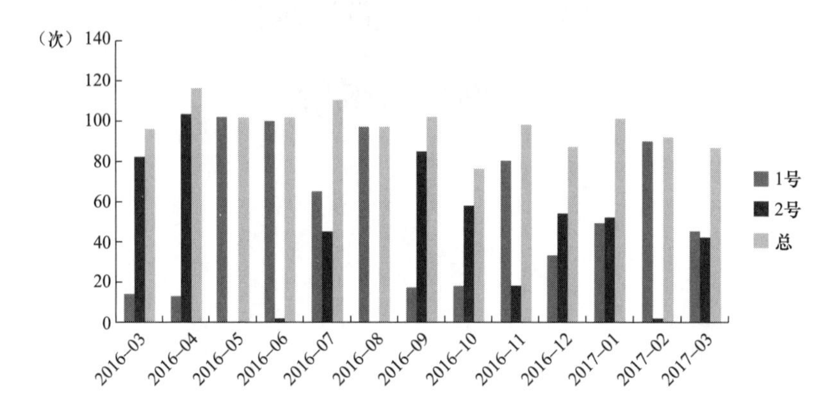

图1　本次A厂两台消防水泵启动次数统计

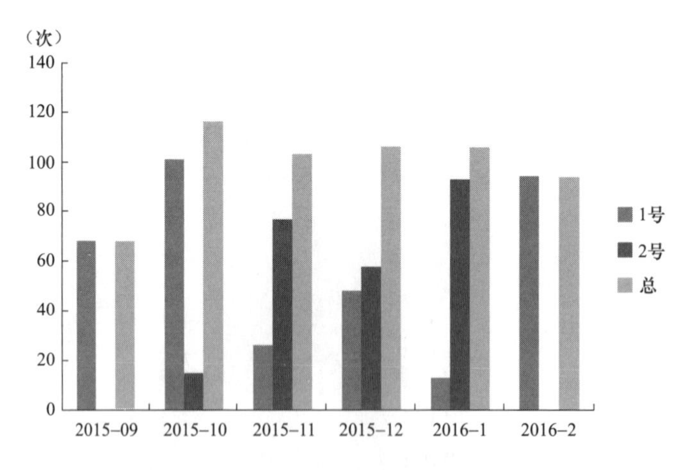

图2　上次A厂两台消防水泵启动次数统计

（2）A厂1、2号消防水泵的平均运行时间如图3、图4所示。

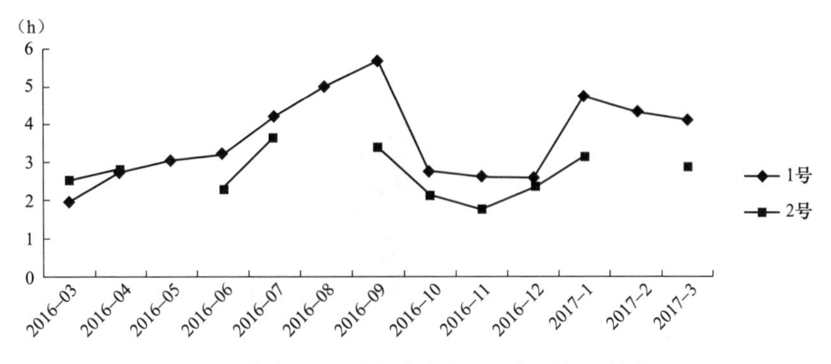

图 3　本次 A 厂两台消防水泵运行时间平均值

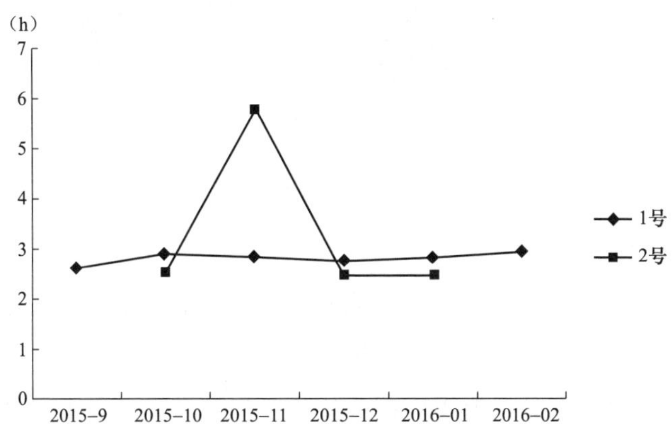

图 4　上次 A 厂两台消防水泵运行时间平均值

（3）概率密度指标分析如图 5、图 6 所示。

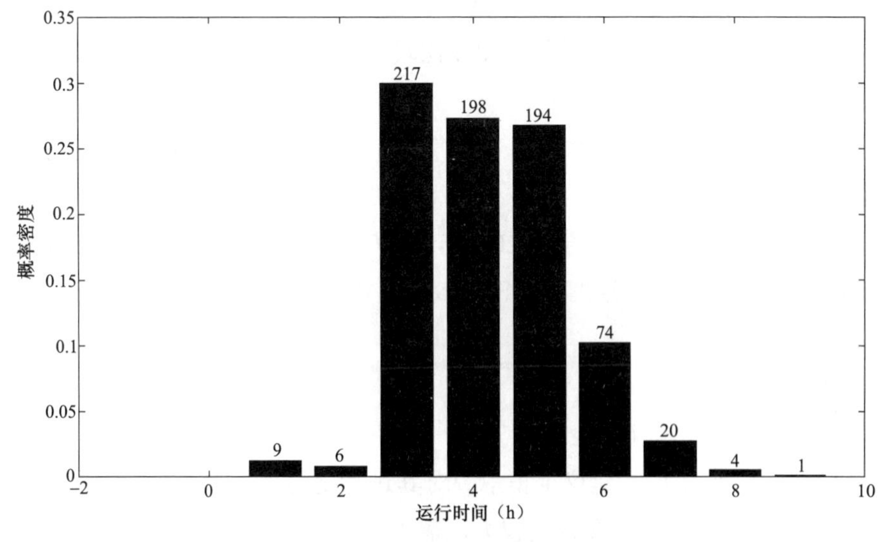

图 5　A 厂 1 号消防水泵运行时间

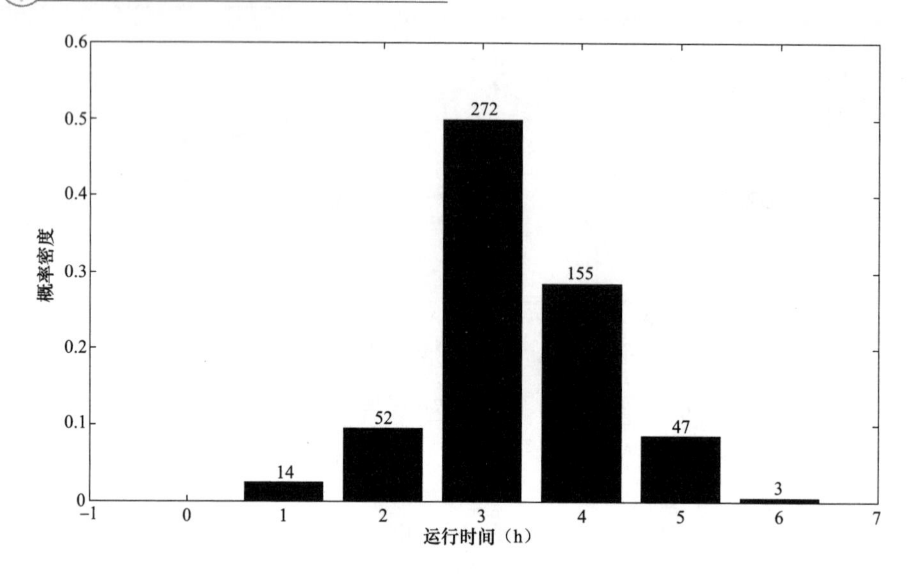

图 6　A 厂 2 号消防水泵运行时间

（4）趋势分析。

1）由图 1，每月两台消防水泵启动次数相当，2016 年 9 月 4 号机主轴密封改造后，消防水泵总启动次数下降。

2）由图 1 和上次分析所得的图 2 比较，A 厂消防水泵未有启动次数突增的情况。

3）由图 5、图 6 的概率密度分布图看出，两台消防水泵的运行稳定性排序为 2 号消防水泵大于 1 号消防水泵。

4）由图 3 和上次分析所得的图 4 比较，1 号消防水泵运行效率较 2 号消防水泵差。

5）由图 3，1 号消防水泵于 2017 年 1 月份出现过运行时间长的情况，原因为图 7 所示。

6）由图 3，1 号消防水泵于 2016 年 8～9 月曾出现过运行时间长的情况，2016 年 10 月后由于 4 号机主轴密封改造，消防水用水量减少，运行时间长的情况消失。

四、建议

（1）存在的问题和风险：

1）1 号泵效率低，建议维护中心对其进行定检。

2）消防水泵启动次数相差较大，需提醒巡检人员定期切换消防水泵。

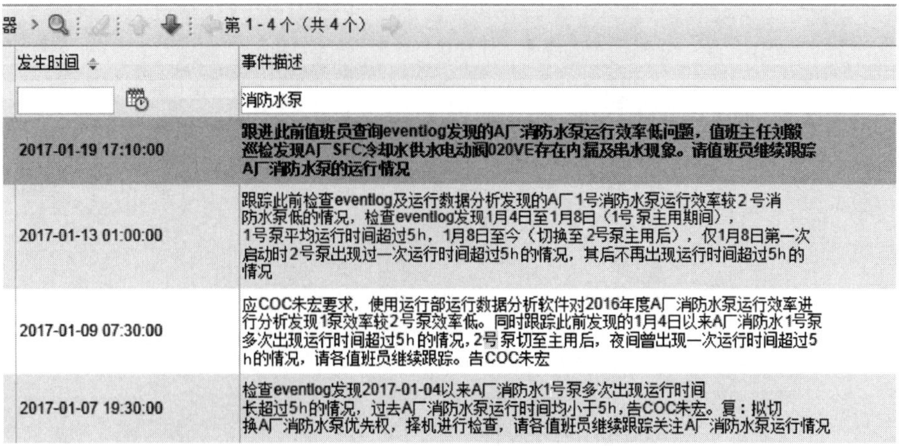

器 > 第 1 - 4 个（共 4 个）

发生时间	事件描述
	消防水泵
2017-01-19 17:10:00	跟进此前值班员查询eventlog发现的A厂消防水泵运行效率低问题，值班主任刘毅巡检发现A厂SFC冷却水供水电动阀020VE存在内漏及串水现象。请值班员继续跟踪A厂消防水泵的运行情况
2017-01-13 01:00:00	跟踪此前检查eventlog及运行数据分析发现的A厂1号消防水泵运行效率较2号消防水泵低的情况，检查eventlog发现1月4日至1月8日（1号泵主用期间），1号泵平均运行时间超过5h，1月8日至今（切换至2号泵主用后），仅1月8日第一次启动时2号泵出现过一次运行时间超过5h的情况，其后不再出现运行时间超过5h的情况
2017-01-09 07:30:00	应COC朱宏要求，使用运行部运行数据分析软件对2016年度A厂消防水泵运行效率进行分析发现1泵效率较2号泵效率低。同时跟踪此前发现的1月4日以来A厂消防水1号泵多次出现运行时间超过5h的情况，2号泵切至主用后，夜间曾出现一次运行时间超过5h的情况，请各值班员继续跟踪。告COC朱宏
2017-01-07 19:30:00	检查eventlog发现2017-01-04以来A厂消防水1号泵多次出现运行时间长超过5h的情况，过去A厂消防水泵运行时间均小于5h，告COC朱宏。复：拟切换A厂消防水泵优先权，择机进行检查，请各值班员继续跟踪关注A厂消防水泵运行情况

图 7　事件描述

（2）建议：

1）A 厂消防水泵运行时间为 3h 左右，上位机出现 A 厂消防水泵运行时间超过 5h 的报警不能忽视，若出现消防水泵运行时间长，需通知 ON-CALL 人员现地检查消防水供水管路。

2）由于 2 号泵比 1 号泵运行稳定性较好，效率较高，因此出现消防水池水位低等紧急情况时可优先考虑使用 2 号泵。